월간 〈수퍼레시피〉를 발간하는
레시피팩토리는 행복 레시피를
만드는 감성 공작소입니다.
레시피팩토리는 모호함으로 가득한
세상 속에서 당신의 작은 행복을 위한
간결한 레시피가 되겠습니다.

〈수퍼레시피〉 베스트 시리즈 간식편

우리 가족에게는
간식이
필요해!

레시피팩토리

*P*rologue

출출해! 심심해!
뭐 먹을 것 없을까?

소박한 간식들이
우리 가족을 행복하게 해줍니다.

간식은 우리 가족의 해피 바이러스!

"여보, 출출한데 뭐 먹을 것 없어?", "엄마, 배고픈데 간식 좀 주세요."

저희 남편과 아들 녀석이 저녁에, 또 주말이면 제게 자주 하는 말입니다. 좀 귀찮기는 해도
이때 냉장고에 남아있는 재료들로 후다닥 무언가를 만들어주면, 가족들은 환호하며
식탁으로 달려들지요. 하루 세끼 식사보다 이러한 깜짝 간식을 먹을 때 가족들은
더 유쾌해지고 신이 나는 것 같습니다. 그 모습을 보고 있노라면 저도 기분이 좋아지지요.
요리할 맛이 난다고나 할까요? 온 가족이 오순도순 맛있게 먹을 수 있는 이 소박한 간식 속에
해피 바이러스가 담겨 있는 것은 아닐까요?

〈수퍼레시피〉의 빼놓을 수 없는 매력, 다양한 가족 간식들

요리잡지 〈수퍼레시피〉의 주된 독자님은 가족을 위해 요리하는 주부들입니다.
그 분들에게는 반찬이나 국 찌개 등의 기본적인 레시피도 필요하지만, 앞서 이야기한 가족의
작은 기쁨을 채워줄 수 있는 다양한 간식 레시피도 꼭 필요하지요. 기왕이면 넉넉히 만들어
아이 간식이지만 아빠, 엄마도 함께 먹기 좋고, 아빠 술안주이지만 아이도 잘 먹어,
온 가족이 즐길 수 있는 레시피라면 더욱더 환영일 겁니다.
그래서 〈수퍼레시피〉에서는 2007년 12월호 창간 이래 지금까지 매 월호 가족 모두를 위한
간식 레시피를 특히 많이 소개해왔습니다. 〈수퍼레시피〉에 실리는 모든 메뉴가 그러하듯이,
간식 레시피 역시 회사 소속 테스트쿡들이 직접 개발했고, 사전에 독자님들을 초청해
실용성과 정확성을 검증 받았습니다. 또한 잡지가 출간되면 많은 독자님들이
실제 가족을 위해 따라 해본 간식 레시피 후기들을 애독자 온라인 카페
(cafe.naver.com/superecipe)에 적극적으로 올려주어,
저희와 활발하게 의견을 나누었습니다.

애독자들과 함께 고른 베스트 가족 간식 238가지

이 책은 1호부터 72호까지, 6년간 실렸던 수많은 가족 간식 레시피들 중에서도
애독자님들이 선택했고, 따라 했고, 만족했던 메뉴들만을 골라 소개한 요리책입니다.
베스트 메뉴 선정을 위해 오랫동안 〈수퍼레시피〉를 활용해온 독자 기획단 38명의
설문조사는 물론 그간 애독자 온라인 카페에 올라온 간식 레시피 후기들까지
꼼꼼히 분석했습니다. 그렇게 고르고 또 고른 이 책의 238가지 간식 레시피들은
가족 모두를 웃음 짓게 하기에 충분하지 않을까 기대해봅니다.
대부분 메뉴는 빵이나 또띠야, 떡, 냉동만두, 고구마, 감자, 과일 등 집에 있을 법한
흔한 재료들로 손쉽게 만드는 것들입니다. 학교 다녀온 아이를 위해,
집에 놀러 온 아이 친구들이나 친구 엄마들을 위해, 또한 저녁이나 주말에 온 가족 간식으로
준비하기 딱 좋은 것들이지요. 아울러 가족 모두가 좋아하는 별미 간식으로 여러 가지
닭 요리도 소개했고, 독자 선정단의 요청으로 후다닥 만들어 식사로도 내기 좋은 주먹밥과
면 요리, 집에서 만드는 홈메이드 음료도 다루었습니다.

〈수퍼레시피〉 베스트 시리즈는 계속됩니다

예전에 미국에서 요리잡지 에디터로 일했던 한국분과 프로젝트를 진행한 적이 있었습니다.
그녀가 해준 이야기 중 특히 인상적인 것이 있었는데, 미국이나 유럽에서는 유명한 셰프나
요리연구가가 쓴 요리책보다 저명한 요리잡지에 실렸던 베스트 레시피를 모은 요리책들이
최고로 인정받는다는 것이었습니다. 이유는 그 잡지들이 갖추고 있는 레시피 검증 시스템,
즉 테스트키친(Test Kitchen) 이라고 설명하더군요. 테스트키친 과정을 통해
맛의 보편성, 레시피의 정확성이 한 단계 업그레이드되기 때문에 믿고 따라 할 수 있는데,
그들 중에서도 '베스트(Best)'라고 하니 얼마나 더 믿음이 가겠냐는 것이었어요.
메뉴 개발 전문회사에서 만드는 요리잡지 〈수퍼레시피〉 역시 탄탄한 테스트키친
시스템을 갖추고 믿을 수 있는 레시피만을 소개하기 때문에, 저도 언젠가 멋진
베스트 모음 요리책을 만들고 싶었습니다. 그러다가 〈수퍼레시피〉 애독자님들 중
과월호를 찾는 분들이 많아지고 과월호 모음 요리책을 만들어달라는 제안들이 이어지면서
2011년 〈나의 보물 레시피〉라는 제목으로 〈수퍼레시피〉 베스트 시리즈를 처음
시작하게 되었습니다. 당시 애독자님들과 함께 메뉴를 선정해 큰 신뢰를 받으며
좋은 반응을 이어갔지요. 이 책에는 주로 반찬이나 국물 요리, 일품요리들이 실려있고,
〈수퍼레시피〉의 강점 중 하나인 참 좋은 간식 레시피들은 빠져 있답니다. 그래서
가족 중심의 라이프 스타일을 추구하는 분들이 늘어남에 따라 이번에는 '간식'을 특화한
〈수퍼레시피〉 베스트 시리즈를 기획하게 된 것이지요. 앞으로도 〈수퍼레시피〉 베스트
시리즈는 독자님들과 함께 꾸준히 만들어갈 예정이니, 많은 관심과 응원 바랍니다.
마지막으로 이 책의 독자 기획단으로 참여해주신 38분의 애독자님들, 그리고
〈수퍼레시피〉로 가족들의 간식을 만들고 그 후기를 애독자 온라인 카페에 올려주셔서
이번 책을 만드는 데 큰 도움을 주신 모든 독자님들께 깊은 감사를 드립니다.
좋은 요리잡지와 요리책, 열심히 만들어 보답하겠습니다. 다시 한번 감사드립니다.

〈우리 가족에게는
간식이 필요해!〉를 함께 만든
38명의 독자 기획단

장지영, 최문영, 하혜정, 고명희,
강시은, 김지숙, 장혜란, 이미선,
한선영, 조혜진, 이창소, 이영아,
허도영, 윤말희, 허수영, 조아랑,
김경옥, 김영실, 이수미, 류문숙,
조성희, 구소라, 김경수, 유민이,
조수진, 조용은, 송지은, 이민지,
유세연, 김원희, 오은미, 최선희,
이화연, 이인성, 신혜진, 박은남,
송선호, 채선영

002 프롤로그
008 제대로 맛내기 위한 기본 가이드
010 기본 중의 기본 간식
276 인덱스

Contents

● 재료도, 방법도 쉬운
간단 간식

014 허브 웨지감자구이 D
    고구마 맛탕스틱
    단호박 오븐구이
016 감자샐러드
    단호박 과일샐러드 L
    코코아 맛밤율란 S L
018 채소 듬뿍 감자보트 H
019 치즈 듬뿍 고구마보트
020 구운 마늘 감자샐러드 L
    고구마샐러드
    모둠 찹샐러드 H L
022 단호박 옥수수버터구이
023 마카로니 콘치즈 D
024 햄 치즈샌드 D
025 베이컨 에그롤
026 고구마 깨볼 T
027 치즈 호두곶감말이 T
028 아이스크림 샌드위치
029 꿀바나나 T
030 바나나 딸기트리플 T
031 바나나 요구르트파르페 S T

Plus Recipe
빵과 크래커에 곁들이는
소스와 스프레드
032 마늘 감자 소스
    타르타르 소스
    카레 요구르트 소스
    토마토 오이 소스
033 오렌지 요구르트 소스
    호두 크림치즈 스프레드 H
    시금치 스프레드
    오이 크림치즈 스프레드

Plus Recipe
가벼운 한 끼로 즐기는 토핑 요구르트
034 말린 과일과 견과류 요구르트 S H
    땅콩소보로 과일 요구르트
    블루베리 바나나 요구르트 S
    생과일 시리얼 요구르트 S

● 든든한 한 끼도 거뜬한
샌드위치, 햄버거와 핫도그

036 고구마샌드위치
037 구운 가지샌드위치 H
038 참치 카레샌드위치
039 코울슬로 샌드위치 H
040 피자 샌드위치
    ABC롤 샌드위치 T
    올리브샌드위치 S
042 쪽파 베이컨샌드위치
    버섯샌드위치 H
    과일 요구르트샌드위치 T
044 봄동 닭가슴살샌드위치
046 귤 게살샌드위치
048 달걀 부추빵
049 돼지불고기 포켓샌드위치
050 닭가슴살 미니버거 L
051 미트 소스 미니버거
052 토마토 소스 홈메이드버거
054 불타는 오징어버거
056 연어 미니버거
057 양파 양배추핫도그
058 미니 채소핫도그 H
060 호떡 믹스 핫도그
061 팬케이크 핫도그 S
062 김치핫도그

술안주도, 디저트도 되는
빵과 크래커를 이용한 간식

064 볶은 양파와 햄토스트 **S**
065 오코노미야키 토스트
066 치즈 감자토스트
068 구운 몬테크리스토 **S**
069 사과조림과 프렌치토스트
070 허니 버터 브레드 **T**
072 생허브 마늘빵 **T**
　　아몬드러스크 **H**
　　견과류토스트 **H**
074 꽃식빵 과일타르트 **T**
076 콘치즈 컵케이크 **H**
077 고구마 브레드푸딩 **T**
078 단호박 러스크볼 **T**
080 세 가지 브루스케타
082 맛살샌드 **S**
　　닭가슴살 오이카나페 **L**
　　고구마 크림치즈카나페
084 과일잼샌드 프렌치토스트 **T**

돌돌 말거나 바삭하게 구워 즐기는
또띠야를 이용한 간식과 피자

086 닭가슴살랩 **S**
087 참나물 참치랩
088 돈가스랩
090 감자퀘사디야
　　고구마퀘사디야
　　크림치즈 옥수수퀘사디야
092 돼지불고기퀘사디아
093 카레 닭가슴살퀘사디아
094 호두 사과피자 **H**
095 꿀 아몬드피자 **S** **T**
096 아보카도 샐러드피자 **H**
098 고구마피자
099 소시지피자
100 샐러드피자 **L**
101 생과일 반달피자
102 초코 바나나피자 **T**

103 블루베리 치즈피자
104 떠 먹는 감자 베이컨피자
106 토마토 소스 나초피자 **D**
107 게맛살 나초피자 **D**
108 견과류 또띠야칩 **S** **D**

굽기만 하면 간식이 되는 반죽들~
부침개와 호떡, 팬케이크와 오믈렛

110 애호박 감자 베이컨전 **H** **D**
　　감자 게맛살전
　　게맛살 옥수수전
112 새우 숙주전 **D**
113 감자 베이컨 치즈전 **D**
114 옥수수 소시지전 **D**
115 당면 채소전
116 신김치 오코노미야키 **D**
118 씨앗호떡 **H**
120 잡채호떡
122 고구마 팬케이크 **T**
123 감자 팬케이크
124 바나나 팬케이크 **T**
125 두부 팬케이크 **L**
126 생딸기 크레페 **T**
128 감자 베이컨 오믈렛
129 토마토 소스 오믈렛
130 베이컨 알감자 프리타타

● 간식의 대표 주자
떡볶이와 떡

132 잔멸치 간장떡볶이 Ⓗ
133 참치 궁중떡볶이
134 국물떡볶이
136 고추장 크림떡볶이
138 카레 치즈떡볶이
139 새우 케첩떡볶이
140 두유 버섯떡볶이 Ⓗ
141 만두떡볶이
142 골뱅이떡볶이 Ⓓ
143 김치떡볶이
144 달콤한 사과떡볶음 Ⓢ
145 단호박 떡범벅
146 고구마 인절미샌드 Ⓣ
147 유자향의 찹쌀경단 Ⓣ
148 옥수수경단 Ⓗ
149 코코아경단 Ⓣ
150 찹쌀 감자떡
152 대추 찹쌀전
153 사과조림 부꾸미
154 고구마 견과류 찹쌀떡 Ⓗ

● 재료를 최소화해 맛을 낸
간단 면요리

156 오이 달걀 비빔국수
157 골뱅이 비빔라면
158 김치 비빔소면
160 매콤 닭가슴살쫄면
161 비빔당면
162 메밀국수 채소샐러드 Ⓛ
164 달걀우동
165 어묵 부추국수
166 매콤 치즈 볶음우동
168 국물 없는 꼬꼬면
170 어묵 쌀국수볶음

● 밥을 새롭게 즐기는 방법!
밥과 누룽지를 이용한 간식

172 햄 양파주먹밥
173 시금치 달걀주먹밥 Ⓗ
174 달걀로 감싼 치치주먹밥
175 명란 치즈주먹밥
176 구운 참치 카레주먹밥
177 잔멸치 달걀밥전 Ⓗ
178 불고기 밥버거
180 스시 피자
182 누룽지볶이
183 누룽지 떡맛탕 Ⓗ
184 멸치 쌀과자 Ⓗ

● 직접 빚거나 냉동 제품으로 즐기는
만두

186 브로콜리 돼지고기만두 Ⓗ
188 게맛살 납작만두
189 파인애플 군만두
190 크림치즈 튀김만두 Ⓓ
191 쇠고기사모사 Ⓓ
192 물만두강정
193 튀긴 물만두샐러드
194 비빔만두와 쫄면
196 달걀만두
198 브로콜리 굴림만두 Ⓛ

● 팬이나 오븐에 구워 담백하게 즐기는
꼬치와 구이요리, 그라탱

200 알감자 버터구이
    절편구이 꼬치
    치즈 베이컨말이꼬치 Ⓓ
202 떡 닭꼬치
203 새우 베이컨말이꼬치
204 피자 떡꼬치 Ⓢ
    동남아풍 닭꼬치 Ⓓ
    닭안심 마늘종꼬치 Ⓛ

206 양송이볼
207 미트볼꼬치
208 담백한 치킨바
210 오징어 새우핫바
212 두부 치킨너겟
213 태국식 닭봉구이 D
214 오븐구이 닭강정 D
216 치즈 떡그라탱
217 감자 소시지그라탱
218 사과 고구마그라탱
219 브로콜리 키슈
220 미니 달걀컵구이
221 버섯 베이컨 달걀구이
222 단호박퐁듀 T

● 집에서 즐기는 건강한 튀김요리
고로케와 도넛, 치킨과 튀김요리

224 초간단 고구마맛탕 T
    감자맛탕
    아코디언 감자튀김 D
226 떡고로케
227 카레고로케
228 타코야키 고로케
230 칠리 치즈감자 D
232 단호박춘권 T
234 마늘 치즈스틱 D
236 시나몬향 사과튀김
237 멜론튀김
238 세 가지 찹쌀도넛 T
240 검은깨 두부도넛 T
242 귤추로스 T
244 새우말이튀김 D
245 오징어볼
246 돼지고기강정 D
248 간장 양념 닭날개튀김 D
250 마늘치킨 D
252 검은깨치킨 H
254 딸기잼 소스의 순살치킨
256 팝콘치킨

● 화학 첨가물 걱정없는
홈메이드 아이스크림, 빙수, 음료

258 초콜릿아이스크림
    블루베리아이스크림
    파인애플 요구르트아이스크림
260 검은깨 두부아이스크림 H
261 달지 않은 찰떡아이스
262 팥아이스바
263 수박아이스바
264 치즈빙수 T
265 콩빙수 L
266 우유빙수 T
    커피빙수 T
    베리베리빙수 T
268 오렌지셔벗
    오레오쉐이크
269 검은깨두유 H
    고구마라테

Plus Recipe
저장용 비상 간식
270 누룽지 견과류 크런치볼 H
271 견과류 쌀강정 H
    뮤슬리바 H
272 호두강정 H T
    호두 아몬드강정 H T
    치즈 깨소미
273 삼색 깨강정 H
    두부스낵 H
274 견과류 공갈빵 H
    커피아몬드 T
275 아몬드 식빵팝콘 H
    땅콩버터 찹쌀쿠키 T

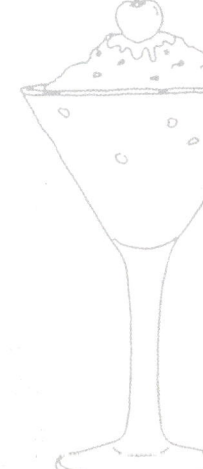

S 방과후 아이들에게 만들어 주면 좋은 **스피드 간식**
H 편식하는 아이들을 위한 채소와 견과류가 듬뿍 들어간 **영양 간식**
T 친구 모임 때 커피나 차에 곁들이면 좋은 **티푸드**
L 배 나온 아빠를 위한 **저칼로리 야식**
D 아이들도 좋아하는 **아빠 안주**

제대로 맛내기 위한 기본 가이드

언제 만들어도 실패 없이, 똑같은 맛을 내기 위해서는 정확한 계량과 조리시간 준수 등이 필요합니다.
계량도구가 없을 때 종이컵이나 밥숟가락으로 계량하는 법, 불 세기 조절법, 식재료의 중량을 손쉽게 계량하는
손대중량, 어려운 재료 손질법 등을 알려드립니다.

계량도구로 계량하기

액체, 가루, 장류 등은 각각 계량법이 다르니 확인 후 계량하세요. (계량스푼 1큰술 =15㎖, 계량컵 1컵 = 200㎖)

| 1큰술(액체류) 가득 담기 | 1큰술(가루류) 가득 담아 윗면 깎기 | 1컵(액체류) 가득 담기 | 1컵(가루류) 가득 담아 윗면 깎기 |

계량도구 없을 때 계량하기

계량컵 vs 종이컵
계량컵은 200㎖로
종이컵과 거의 비슷하므로
계량컵 대신
종이컵을 사용해도 된다.

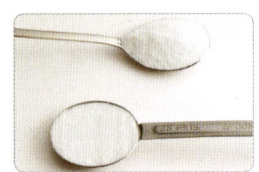

계량스푼 vs 밥숟가락
계량스푼 1큰술 = 15㎖,
밥숟가락 1큰술 = 10~12㎖
밥숟가락 1큰술은 계량스푼
1큰술에 비해 양이 적으므로
수북하게 담아 계량한다.
단, 밥숟가락은 집집마다
크기가 달라 맛에 오차가
생기기 쉬우니 가급적
계량도구를 사용하도록 한다.

불 세기 맞추기

집집마다 화력이 다릅니다. 불꽃과 냄비 바닥 사이의 간격으로 불 세기를 조절하세요.

중약불 중강불

 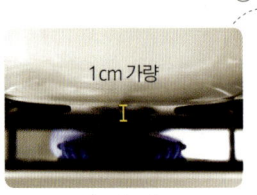 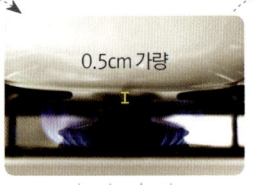 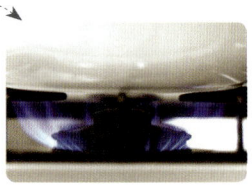

1cm 가량   0.5cm 가량

팬 달구기
팬을 중간 불로 달궈 손을
가까이 댔을 때 따뜻한 열기가
느껴지면 적당히 달궈진 것.
특별한 주의가 필요한 경우
레시피 상의 설명을 따른다.

약한 불
불꽃과 냄비 바닥 사이에
1cm 가량의 틈이
있는 정도의 불 세기

중간 불
불꽃과 냄비 바닥
사이에 0.5cm 가량의 틈이
있는 정도의 불 세기

센 불
불꽃이 냄비 바닥까지
닿는 정도의 불 세기

손대중량

소금 약간(1/5작은술 이하)

후춧가루 약간
(가볍게 두 번가량 턴 분량)

소면 1줌(70g)

당면 1줌(100g)

양배추 1장(손바닥 크기, 30g)

어린잎 채소 1줌(20g)

숙주 줌(50g)

떡볶이 떡 1컵(130g)

사용한 기름 처리하기

❶ 빈 우유팩을 뜯은 후 신문지 1/2장 뭉친 것을 넣는다.

❷ 우유팩에 기름을 부은 후 다시 신문지를 뭉쳐 넣는다. 다시 기름을 붓고 신문지 뭉친 것을 넣어 기름이 흡수되면 우유팩의 입구를 테이프로 봉해 일반 쓰레기 봉투에 버린다.

재료 손질하기

오징어 손질하기

❶ 오징어 몸통을 가위로 길게 반 갈라 손으로 내장을 잡아 당겨 떼어낸 후 내장과 다리 연결 부분을 잘라 내장을 버린다.

❷ 다리를 뒤집어 안쪽에 있는 입 주변을 꾹 누른 후 튀어나오는 뼈를 손으로 잡아 뗀다.

❸ 다리는 흐르는 물에서 손가락으로 여러 번 훑어 다리에 붙은 빨판을 제거한 후 깨끗이 헹군다.

새우 손질하기

❶ 껍질째 옅은 소금물에서 흔들어 씻은 후 등쪽 두 번째 마디와 세 번째 마디 사이에 이쑤시개를 넣어 내장을 제거한다.

❷ 머리를 떼어낸 후 남아 있는 내장을 제거한다.

❸ 껍질을 벗기고 꼬리에 있는 물주머니를 제거한다.

기본 중에 기본 간식!

재료 자체만으로 맛도 좋고 영양도 풍부해 옛날부터 사랑받는 간식들이 있죠. 대표적으로 달걀, 감자, 고구마, 단호박, 옥수수를 들 수 있는데요, 익히는 방법이 쉬운 듯하지만 실패하기도 쉽답니다. 다양하게 익혀 즐기는 방법을 알려드리니 꼭 기억해두세요. 이 책에 소개된 메뉴에는 익힌 감자, 고구마, 단호박을 응용한 간식들이 많아 유용할 것입니다. 또한 식은 밥을 이용해 누룽지를 만드는 방법과 냉동실에 늘 있는 떡국 떡이나 가래떡을 맛있게 구워 즐기는 방법과 찍어 먹는 딥도 함께 소개합니다.

익히는 방법

달걀 프라이

01 적당한 크기의 팬을 고른 다음 약한 불에서 은은하게 달군다.
★ 달걀 양에 비해 팬이 지나치게 크면 수분이 금방 증발되어 가장자리가 필름처럼 되어버린다.

02 팬에 물을 한 방울 떨어뜨렸을 때 보글거리면서 금방 마르는 상태가 되면 식용유를 팬의 표면이 얇게 덮힐 정도로 골고루 두른다.

03 팬에 달걀을 깨서 올리고 노른자 위에 얇은 막이 생길 때까지 중약 불에서 1분 30초간 반숙으로 익힌다.
★ 완숙으로 먹고 싶다면 뒤집어 1분~1분 30초간 더 익힌다.

삶은 달걀

01 냄비에 달걀을 넣고 푹 잠기도록 물을 부어 센 불에서 끓인다.
★ 달걀은 삶을 때 실온에 20~30분 정도 두었다가 삶아야 잘 깨지지 않는다.

02 끓어오르면 중간 불로 줄여 반숙은 7분, 완숙은 12분간 삶는다.
★ 끓일 때 소금과 식초를 약간 넣으면 껍질이 단단해져 깨지는 것을 막아주고 달걀에 금이 갔을 때 빨리 굳도록 도와준다.

03 삶은 후 찬물에 담가 한 김 식혀 껍질을 벗긴다.

스크램블 에그

01 볼에 달걀 3개, 우유 3/4컵, 소금 1작은술, 후춧가루 약간을 넣고 잘 풀어준다. (2인분 기준)

02 달군 팬에 식용유 1큰술을 두르고 중약 불에서 달걀물을 붓고 15초간 그대로 둔다.

03 아랫면이 살짝 익으면 젓가락으로 재빨리 휘저어 90%정도 달걀이 익으면 불을 끈다.

재료 \ 익히는 방법	찜기로 찌기	오븐으로 굽기	전자레인지로 익히기	냄비로 삶기
감자 1개(200g) 기준	· 껍질째 사용 · 김이 오른 찜기에서 중간 불로 25~30분간 찌기 · 불을 끄고 5분간 그대로 두어 뜸을 들이기	· 알루미늄 포일에 싸거나 그냥 껍질째 사용 · 200℃로 예열된 오븐의 가운데 칸에서 45~50분간 굽기	· 종이 포일에 싸거나 위생팩에 껍질째 넣어 사용 · 전자레인지 (700W)에서 7~9분간 익히기	· 껍질째 사용 · 냄비에 감자와 잠길 정도의 물과 소금 약간을 넣고 끓이기 · 끓어오르면 뚜껑을 덮고 중약 불에서 25분간 삶기 · 자작할 정도의 물만 남기고 약한 불로 줄여 10분간 더 익히기
단호박 1개(800g) 기준	· 안쪽의 씨와 섬유질을 숟가락으로 파내고 사용 · 김이 오른 찜기에서 속부분이 바닥을 향하게 올려 중간 불로 20~25분간 찌기	· 껍질째 1.5cm 두께의 웨지 모양으로 썰기 · 200℃로 예열된 오븐의 가운데 칸에서 15분간 구운 후 뒤집어 10분간 더 굽기	· 안쪽의 씨와 섬유질을 숟가락으로 파내고 사용 · 내열 용기에 속부분이 바닥을 향하게 올려 랩을 씌워 전자레인지 (700W)에서 7분간 익히기	· 단호박은 물에 닿으면 질퍽해지니 으깨서 사용할 것이 아니면 찜기나 전자레인지에서 익히기 · 삶는 방법은 고구마와 동일
고구마 1개(200g) 기준	· 껍질째 사용 · 김이 나는 찜기에서 중간 불로 25~30분간 찌기 · 불을 끄고 5분간 그대로 두어 뜸을 들이기	· 알루미늄 포일에 싸거나 그냥 껍질째 사용 · 200℃로 예열된 오븐의 가운데 칸에서 45~50분간 굽기	· 종이 포일에 싸거나 위생팩에 껍질째 넣어 사용 · 전자레인지 (700W)에서 7~9분간 익히기	· 껍질째 사용 · 냄비에 고구마와 잠길 정도의 물을 넣고 끓이기 · 끓어오르면 뚜껑을 덮고 중약 불에서 20분간 삶기 · 자작할 정도의 물만 남기고 약한 불로 줄여 10분간 더 익히기
옥수수 1개(150g) 기준	· 껍질을 벗겨 사용 · 김이 나는 찜기에서 중간 불로 60~65분간 찌기	· 냄비나 전자레인지로 먼저 익히기 · 180℃로 예열된 오븐이 가운데 칸에서 10분간 굽기 ★ 다진 마늘(1/2큰술), 버터(1큰술), 설탕 (1/4작은술)을 섞어 발라 구우면 버터구이가 된다.	· 내열 용기에 옥수수를 담고 물(2큰술), 설탕(1/2작은술), 소금(약간)을 섞은 후 옥수수에 끼얹은 후 랩을 씌워 익히기 · 전자레인지 (700W)에서 5~7분간 익히기	· 껍질을 벗겨 사용 · 냄비에 옥수수와 잠길 정도의 물, 굵은 소금(1큰술), 설탕(1작은술)을 넣고 끓이기 · 끓어오르면 뚜껑을 덮고 중약 불에서 45~50분간 삶기

재료	만들기

누룽지

밥 1공기(150g) 기준

01 밥에 물(1과 1/2큰술)을 넣고 숟가락으로
살살 섞는다.

02 약한 불로 달군 팬에 ①을 올려 0.7cm
두께로 넓게 편다. 숟가락 뒷면에 물을
살짝 찍듯 묻혀 윗면의 밥알을 골고루 편다.

03 숟가락을 이용해 누룽지 가장자리를
안으로 살살 만져 둥근 모양을 만든다.
약한 불에서 앞뒤로 각각 13분씩 굽는다.

보관하기
쟁반 위에 종지를 엎은 뒤 누룽지를 올려
바닥에 닿지 않도록 한다. 30분 정도 두어
열기와 습기가 없어지면 지퍼백에 담아
냉동 보관한다. 단, 상온에 너무 오래 두면
딱딱해지니 주의한다.

누룽지 활용요리
46쪽 _ 누룽지볶이
47쪽 _ 누룽지 떡맛탕
274쪽 _ 누룽지 견과류 크런치볼

떡 구이

01 **떡국 떡** 달군 팬에 식용유를 약간 두른 후
키친타월로 골고루 펴 바른다.
떡국 떡을 올려 약 2분간 두면 구워지면서 살짝
부풀어오른다. 이때 뒤집어서 1분간 더 굽는다.

02 **가래떡** 달군 팬에 식용유를 약간 두른 후
키친타월로 골고루 펴 바른다. 가래떡을 올려
중간 불에서 12분간 굽는다. 이때 30초마다
조금씩 굴려 모든 면이 골고루 노릇하게 익도록
한다.

딥 곁들이기
유자청 유자차용 유자청을 이용한다.
호두 연유딥 연유 2큰술, 다진 호두 1큰술을
골고루 섞는다.
호두 떡꼬치딥 다진 호두(1큰술),
토마토케첩(1과 1/2큰술), 고추장(1큰술),
올리고당(2큰술), 곱게 다진 마늘(1/2작은술),
레몬즙(1작은술)을 넣고
골고루 섞는다.

" 엄마 맛있어요! 또 해주세요!,
오늘 간식은 뭐예요?
기대에 찬 아이들의 목소리를 들을 수 있는
행복한 설렘이죠. **"**

— 윤말희 독자님

간단 간식

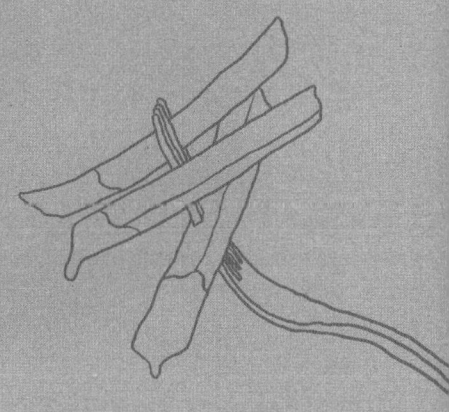

향긋함을 더한 감자 구이 **허브 웨지감자구이**

⏱ 25~30분 | 🍽 2~3인분 | 163kcal

- 감자 2개(400g)

양념
- 올리브유 1과 1/2큰술(또는 식용유)
- 말린 허브 가루 1/2작은술
- 소금 2/3작은술
- 다진 마늘 1과 1/2작은술
- 후춧가루 약간
- 고춧가루 약간(또는 칠리파우더)

01 감자는 깨끗이 씻어 껍질째 1.5cm 두께의 웨지 모양으로 썬다.

02 볼에 양념 재료를 넣어 골고루 섞은 후 감자를 넣고 버무려 10분간 재운다.

03 달군 팬에 감자를 올리고 뚜껑을 덮은 채 약한 불에서 앞뒤로 각각 5분~5분 30초씩 굽는다.
　★ 감자의 두께에 따라 굽는 시간을 가감한다.

고구마로 만드는 대표 간식 **고구마 맛탕스틱**

⏱ 15~20분 | 🍽 2~3인분 | 417kcal

- 고구마 2개(400g)
- 식용유 2컵(400㎖)

시럽
- 설탕 1큰술
- 올리고당 4큰술
- 물 2큰술

01 고구마는 2×2×7cm 크기로 썬다.

02 냄비에 식용유를 붓고 180℃가 되도록 중간 불로 끓인다.
　고구마를 넣고 4분~4분 30초간 튀긴 후 체에 밭쳐 기름을 뺀다.
　★ 180℃는 고구마를 넣었을 때 떠오르면서 잔기포가 많이 생기는 정도.

03 깊은 팬을 달궈 시럽 재료를 넣고 중간 불에서 저어가며 끓인다.

04 끓어오르면 1분간 저어가며 끓인 후 불을 끄고 튀긴 고구마를 넣어 골고루 버무린다.

땅콩을 입혀 고소하게 구워낸 **단호박 오븐구이**

⏱ 15~20분 | 🍽 2~3인분 | 264kcal

- 단호박 약 2/3개(500g)
- 흑설탕 1과 1/2큰술(또는 설탕)
- 계핏가루 1작은술(생략 가능)
- 땅콩 2큰술(20g)
- 버터 2큰술

01 단호박은 숟가락으로 속의 씨와 섬유질을 긁어내고 껍질째 2cm 두께의 웨지 모양으로 썬다.

02 냄비에 단호박과 단호박이 잠기도록 물을 넣어 센 불에서 끓어오르면 중간 불로 줄여 5분간 삶아 체에 밭쳐 물기를 뺀다.
　오븐은 180℃(미니 오븐 동일)로 예열한다.

03 푸드프로세서에 흑설탕, 계핏가루, 땅콩을 넣고 곱게 간다.

04 ③의 1/2분량을 단호박에 골고루 바른다.

05 오븐 팬에 단호박을 올리고 ①의 녹인 버터 1/2분량을 한 면에 골고루 바른다.
　180℃(미니 오븐 동일)로 예열된 오븐의 가운데 칸에서 10분간 굽는다.

06 오븐 팬을 꺼낸 후 단호박을 뒤집어 윗면과 옆면에 나머지 ③을 골고루 바른다.
　남은 버터를 바른 후 5분간 더 굽는다.

허니 요구르트를 얹어 더욱 촉촉한 감자샐러드

⏰ 20~25분 | 🍴 2인분 | 155kcal

- 감자 1개(200g)
- 말린 블루베리 2큰술
  (또는 말린 크랜베리, 20g)
- 달지 않은 두유 6큰술(또는 우유)
- 소금 1/2작은술
- 시리얼 2작은술(생략 가능)

허니 요구르트
- 떠먹는 플레인 요구르트 4큰술
- 꿀 1큰술(또는 올리고당)

01 감자는 껍질을 벗겨 사방 2cm 크기로 썬다. 냄비에 감자와 감자가 잠길 정도의 물을 붓고 센 불에서 끓어오르면 중간 불로 줄여 5분간 삶아 체에 밭쳐 물기를 뺀다.

02 작은 볼에 허니 요구르트 재료를 넣어 골고루 섞는다.

03 말린 블루베리는 굵게 다진다.

04 볼에 감자, 두유, 소금을 넣고 숟가락으로 곱게 으깬다.

05 다진 블루베리를 넣어 골고루 섞은 후 그릇에 담고 허니 요구르트와 시리얼을 올린다.

과일이 들어가 상큼하게 즐기는 단호박 과일샐러드

⏰ 15~20분 | 🍴 2인분 | 164kcal

- 단호박 1/2개(400g)
- 사과 1/4개(50g)
- 키위 1/2개(45g)
- 우유 1큰술
- 꿀 1큰술(또는 올리고당)

01 단호박은 껍질을 벗기고 숟가락으로 속의 씨와 섬유질을 긁어낸 후 사방 2cm 크기로 썬다.

02 냄비에 단호박과 단호박이 잠길 정도의 물을 붓고 센 불에서 끓어오르면 중간 불로 줄여 5분간 삶아 체에 밭쳐 물기를 뺀다.

03 사과와 키위는 사방 0.5cm 크기로 썬다.

04 볼에 단호박, 우유, 꿀을 넣고 숟가락으로 으깬다.

05 사과와 키위를 넣어 골고루 섞는다.

시판 맛밤을 이용해 간단하게 만드는 코코아 맛밤율란

⏰ 30~35분 | 🍴 2~3인분 | 142kcal

- 맛밤 2봉지(160g, 약 28개)
- 가당 코코아가루 1/2큰술(또는 계핏가루)
- 우유 2와 1/2큰술
- 꿀 1/2큰술(또는 올리고당)
- 소금 약간

장식
- 가당 코코아가루 2큰술(또는 계핏가루)

01 맛밤은 내열 용기에 펼쳐 담아 뚜껑을 덮지 않은 채 전자레인지(700W)에 30초간 데운다.

02 맛밤을 잘게 다진 후 체에 내리거나 푸드프로세서로 곱게 간다.

03 볼에 ②, 코코아가루(1/2큰술), 우유, 꿀, 소금을 넣은 뒤 반죽해 한 덩어리로 만든다.

04 반죽을 15등분(10g씩)한 후 밤 모양으로 만든다.

05 접시에 코코아가루(2큰술)를 담고 ④의 끝부분에 살짝 묻혀 장식한다.

간
단
간
식

⏱ 35~40분 ┃ 🥣 2~3인분
125kcal/개

- 감자 2개(400g)
- 다진 채소 1컵
  (양파, 브로콜리, 당근 등, 80g)
- 베이컨 2줄
  (또는 슬라이스 햄 2장, 28g)
- 슬라이스 치즈 1장
- 식용유 1작은술
- 마요네즈 1큰술
- 소금 1/3작은술
- 후춧가루 약간
- 파슬리 가루 약간(생략 가능)

채소와 베이컨으로 속을 꽉 채운

채소 듬뿍 감자보트

01 냄비에 감자와 감자가 잠길 정도의 물을 붓고 센 불에서 끓어오르면 중간 불로 줄이고
뚜껑을 덮어 20~25분간 삶는다. ★ 감자의 크기에 따라 익히는 시간을 가감한다.
젓가락으로 찔러 보아 쉽게 들어가면 잘 익은 것이다.

02 베이컨은 사방 1cm 크기로 썰고, 슬라이스 치즈는 비닐째 사방 0.5cm 크기로 칼집을 낸다.

03 달군 팬에 식용유를 두르고 베이컨을 넣어 중간 불에서 1분 30초,
다진 채소를 넣고 중약 불로 줄여 2분간 더 볶은 후 큰 볼에 덜어둔다.

04 감자는 한 김 식힌 후 2등분한다. 숟가락을 이용해 가장자리의 0.5cm를 남기고 속을 판다.
파낸 속은 ③의 볼에 담는다.

05 ④의 볼에 슬라이스 치즈와 마요네즈, 소금, 후춧가루를 넣고 감자를 으깨면서
골고루 섞는다.

06 ④의 감자에 ⑤의 소를 1/4분량씩 채워 넣고 파슬리 가루를 뿌린다.
내열 용기에 담고 랩을 씌워 전자레인지(700W)에서 2분간 더 익힌 다음
껍질을 벗겨 먹는다. ★ 기호에 따라 새콤한 사워크림, 피클 등을 곁들여도 좋다.

⏰ 35~40분 | 🍴 2~3인분
177kcal/개

- 고구마 2개(400g)
- 슬라이스 치즈 2장
- 건포도 2큰술(또는 말린 블루베리)
- 우유 3큰술
  (고구마 종류에 따라 가감)
- 꿀 2작은술(또는 올리고당)

삶은 고구마를 보트 모양으로 속을 파낸

치즈 듬뿍 고구마보트

__01__ 냄비에 고구마와 고구마가 잠길 만큼 물을 부어 센 불에서 끓인다.
끓어오르면 중간불로 줄이고 뚜껑을 덮어 20~25분간 삶는다. ★ 고구마의 크기에 따라
익히는 시간을 가감한다. 젓가락으로 찔러 보아 쉽게 들어가면 잘 익은 것이다.

__02__ 고구마는 한 김 식힌 후 길게 2등분한다.
숟가락을 이용해 가장자리의 0.5cm를 남기고 속을 파낸다.

__03__ 볼에 고구마 속, 건포도, 우유, 꿀을 넣고 곤고루 섞는다.

__04__ 슬라이스 치즈는 비닐째 사방 0.5cm 크기로 칼집을 낸다.

__05__ ②의 고구마 안에 각각 슬라이스 치즈와 고구마 소를 1/4분량씩 채워 넣는다.
★ 슬라이스 치즈를 조금 남겼다가 장식용으로 위에 올려도 좋다.

간
단 간
식

감자를 깍둑 썰어 씹는 맛을 준 구운 마늘 감자샐러드

⏱ 15~20분 ┃ 🍽 2~3인분 ┃ 185kcal

- 감자 1과 1/2개(300g)
- 마늘 10쪽(50g)
- 베이컨 3과 1/2줄(50g)
- 식용유 1작은술

양념
- 마요네즈 1큰술
- 머스터드 1작은술
- 소금 약간
- 후춧가루 약간

01 감자는 껍질을 벗긴 후 사방 1cm 크기로 썬다.

02 마늘은 얇게 편 썰고, 베이컨은 1cm 두께로 썬다.

03 냄비에 감자와 감자가 잠길 정도의 물을 붓고 센 불에서 끓어오르면 중간 불로 줄여 5분간 삶아 체에 밭쳐 물기를 뺀다.

04 달군 팬에 식용유를 두르고 마늘과 베이컨을 넣어 중약 불에서 3분~3분 30초간 볶은 후 키친타월에 올려 기름기를 뺀다.

05 볼에 감자, 마늘, 베이컨, 양념을 넣어 골고루 섞는다.

상큼한 키위 드레싱을 곁들인 고구마샐러드

⏱ 25~30분 ┃ 🍽 2인분 ┃ 348kcal

- 고구마 1개(200g)
- 달걀 1개
- 양상추 1/4통(100g)
- 양파 1/4개(50g)
- 방울토마토 4개(60g)

키위 드레싱
- 키위 1/2개(45g)
- 마요네즈 3큰술
- 레몬즙 1작은술
- 꿀 1작은술

01 고구마는 껍질을 벗겨 사방 2cm 크기로 썬다.

02 냄비에 고구마와 고구마가 잠길 정도의 물을 붓고 센 불에서 끓어오르면 중간 불로 줄여 5분간 삶아 체에 밭쳐 물기를 뺀다.

03 다른 냄비에 달걀과 달걀이 잠길 정도의 물을 붓고 센 불에서 끓어오르면 중간 불로 줄여 12분간 삶은 후 찬물에 헹궈 껍질을 벗기고 4등분한다.

04 양상추는 흐르는 물에 씻어 체에 밭쳐 물기를 뺀 후 한입 크기로 뜯는다. 방울토마토는 열십(+)자로 4등분한다. 양파는 0.3cm 두께로 채 썬다.

05 푸드프로세서에 키위 드레싱 재료를 모두 넣고 곱게 간다.

06 접시에 재료를 모두 담고 키위 드레싱을 뿌린다.

다양한 재료로 응용할 수 있는 모둠 찹샐러드

⏱ 15~20분 ┃ 🍽 2인분 ┃ 201kcal

- 오이 1/2개(100g)
- 사과 1/2개(100g)
- 키위 1개(90g)
- 말린 과일 2큰술(20g)
- 다진 견과류 2큰술(20g)

요구르트 드레싱
- 떠먹는 플레인 요구르트 4큰술(40g)
- 꿀 1/2큰술
- 레몬즙 1큰술
- 포도씨유 1큰술
- 소금 1/4작은술

01 오이는 사방 1cm 크기로 썰고, 사과는 씨를 제거한 후 같은 크기로 썬다.

02 키위는 껍질을 벗기고 사방 1cm 크기로 썬다.

03 큰 볼에 요구르트 드레싱 재료를 넣어 섞은 후 모든 재료를 넣고 가볍게 버무린다.

⏰ 20~25분 | 🍳 2~3인분
268kcal

• 단호박 1/2개(400g)
• 통조림 옥수수 1/2캔(100g)
• 피망 1개(100g)
• 버터 1큰술
• 마요네즈 2큰술
• 머스터드 1/2큰술
• 소금 1/4작은술(기호에 따라 가감)

Tip 색다르게 즐기기

식빵에 토마토 스파게티 소스
1큰술을 바른 다음 단호박 옥수수
버터구이를 올리고 피자치즈를
얹어 180℃로 예열된 오븐(미니
오븐 동일)에서 5분간 구우면
피자로 즐길 수 있다.

부드럽고 달콤해 남녀노소 누구나 좋아하는
단호박 옥수수버터구이

01 찜기에 1/2분량의 물을 붓고 뚜껑을 덮어 센 불에서 끓인다.
   김이 오른 찜기에 단호박을 올려 8분간 익힌다. 단호박은 한 김 식힌 후
   숟가락으로 씨와 섬유질 부분을 긁어낸다.

02 옥수수 통조림은 체에 밭쳐 물에 헹군 후 물기를 뺀다.
   단호박은 껍질째 사방 1.5cm 크기로 썬다. 피망도 사방 1.5cm 크기로 썬다.

03 달군 팬에 버터를 녹이고 단호박을 넣어 중약 불에서 3분간 볶는다.

04 옥수수를 넣어 센 불로 올려 1분, 피망을 넣고 1분간 더 볶은 다음 불을 끈다.

05 마요네즈와 머스터드를 넣고 섞은 다음 소금으로 간을 한다.

⏱ 15~20분 | 🍽 2~3인분
434kcal

- 마카로니 1컵(또는 푸실리, 110g)
- 통조림 옥수수 6큰술(60g)
- 양파 1/2개(100g)
- 당근 1/5개(40g)
- 피망 1/2개(50g)
- 버터 1/2큰술
- 우유 1/2컵(100㎖)
- 슈레드 피자치즈 1컵(100g)
- 마요네즈 3큰술
- 소금 1/2작은술(기호에 따라 가감)
- 후춧가루 1/4작은술
- 파슬리 가루 약간(생략 가능)

Tip 오븐으로 만들기

과정 ③에서 양파와 당근을
볶은 후 내열 용기에 담는다.
마카로니, 옥수수 통조림,
피망, 우유, 마요네즈, 소금,
후춧가루를 넣고 버무린 후
슈레드 피자치즈를 올리고
180℃(미니 오븐 170℃)로
예열한 오븐에서 10분간 굽는다.

오븐 없이 뚝딱 만드는
마카로니 콘치즈

01 냄비에 마카로니 삶을 물(3컵)을 끓인다. 통조림 옥수수는 체에 밭쳐 물기를 뺀다.
양파, 당근, 피망은 사방 0.5cm 크기로 다진다.

02 ①의 끓는 물에 소금(1/2큰술), 마카로니를 넣고 포장지에 적힌 시간에서
2분을 제외하고 삶은 후 체에 밭쳐 물기를 뺀다.

03 달군 팬에 버터를 넣어 녹인 후 양파, 당근을 넣고 중간 불에서 1분간 볶는다.

04 마카로니와 우유를 넣고 1분 30초간 끓인다.

05 ④의 팬에 옥수수, 피망, 피자치즈를 넣고 중간 불에서 1분간 볶는다.
치즈가 녹으면 마요네즈, 소금, 후춧가루를 넣고 버무린다.
접시에 담고 파슬리 가루를 뿌린다.

⏰ 10~15분 | 🍽 2인분
198kcal

• 슬라이스 치즈 4장
• 슬라이스 햄 3장(36g)
• 말린 크랜베리 1큰술(10g)
• 호두 2큰술(20g)

와인 안주로, 아이 간식으로 활용 만점인
햄 치즈샌드

<u>01</u> 호두는 키친타월에 올려 굵게 다진다. 크랜베리도 굵게 다진다.

<u>02</u> 내열 용기에 슬라이스 햄 → 슬라이스 치즈 → 다진 호두와 크랜베리 →
슬라이스 치즈 → 슬라이스 햄 → 슬라이스 치즈 → 다진 호두와 크랜베리 →
슬라이스 치즈 → 슬라이스 햄 순으로 올린다.

<u>03</u> 내열 용기를 랩을 씌운 후 전자레인지(700W)에서 30초간 익힌다.

<u>04</u> 손바닥으로 ③을 꾹 눌러 재료들을 밀착시킨 후 냉장실에 넣어 30분간 굳힌다.

<u>05</u> 햄 치즈샌드는 2×2cm 크기로 썬다.

⏰ 25~30분 | 🍽 2~3인분
121kcal/개

- 베이컨 4줄(56g)
- 달걀 4개
- 다진 당근 2큰술(20g)
- 다진 양파 2큰술(20g)
- 슈레드 피자치즈 1/3컵(30g)
- 물 2큰술
- 소금 1/3작은술
  (기호에 따라 가감)
- 후춧가루 약간
- 식용유 약간

촉촉하고 폭신폭신한 식감의
베이컨 에그롤

<u>01</u> 오븐은 170℃(미니 오븐 동일)로 예열한다. 양파와 당근은 잘게 다진다.

<u>02</u> 볼에 달걀을 푼 후 당근, 양파, 피자치즈, 물, 소금, 후춧가루를 넣고 골고루 섞는다.

<u>03</u> 머핀 틀의 안쪽에 요리용 붓이나 손가락으로 식용유를 살짝 바른다.

<u>04</u> 머핀 틀 가장자리에 베이컨을 돌려 담은 후 ②를 1/4분량씩 넣는다.
　★ 머핀 틀 대신 종이컵을 사용해도 좋다.

<u>05</u> 170℃(미니 오븐 동일)로 예열된 오븐의 가운데 칸에서 10분간 굽는다.

<u>06</u> ⑤를 꺼내어 숟가락으로 골고루 섞은 다음 다시 170℃(미니 오븐 동일) 오븐에서
　5분간 구운 후 그대로 3분간 두어 오븐 속에 남아 있는 열로 뜸을 들인다.

⏱ 20~25분 | 🍽 2~3인분
46kcal/개

- 고구마 1개(200g)
- 통깨 1큰술(5g)
- 설탕 1/2큰술
- 우유 6큰술(또는 생크림, 90㎖)
- 시판 카스텔라 75g

달콤한 고구마를 부드럽게 즐길 수 있는
고구마 깨볼

01 통깨는 푸드프로세서에 넣어 갈거나 위생팩 또는 지퍼백에 넣고 밀대로 밀어 곱게 부순다.

02 카스텔라는 가장자리의 갈색 부분을 제거하고 푸드프로세서에 넣어 갈거나 체에 내려
   고운 가루로 만든 후 넓은 그릇에 담는다. ★ 카스텔라가 촉촉해서 체에 내리기 어려울 경우
   약한 불로 달군 팬에 3분간 구워 수분을 날린 뒤 식혀서 체에 내린다.

03 고구마는 껍질을 벗겨 사방 2cm 크기로 썬다. 냄비에 담아 고구마가 잠길 정도의 물을 붓고
   센 불에서 끓어오르면 중간 불로 줄여 5분간 삶아 체에 밭쳐 물기를 뺀다

04 큰 볼에 고구마를 넣어 숟가락으로 곱게 으깬 뒤 ①과 설탕, 우유를 넣고 섞는다.

05 ④를 15등분으로 나눠 동글게 빚는다.

06 카스텔라 가루에 ⑤를 넣고 굴려가며 골고루 묻힌다.
   ★ 빚은 후 바로 가루를 묻혀야 잘 묻는다.

⏱ 15~20분 | 🍽 2~3인분
216kcal

• 곶감 4개
• 슬라이스 치즈 2장
• 호두 1큰술(10g)

고소한 호두와 치즈를 넣은 영양 간식
치즈 호두곶감말이

01 키친타월 위에 호두를 올려 사방 0.5cm 크기로 다진다.
슬라이스 치즈는 껍질째 2등분한다.

02 곶감은 꼭지를 떼고 칼집을 넣어 펼친 후 씨를 제거한다.

03 손질한 곶감 위에 치즈, 다진 호두를 각각 1/4분량씩 올린 후 아래쪽부터
꼭꼭 눌러가며 돌돌 만다. 같은 방법으로 3개 더 만든다.

04 랩으로 ③을 감싼 후 냉장실에 넣어 5분간 굳혀 1cm 두께로 썬다.
★ 랩을 감싼 채로 썰어야 균일하게 썰 수 있다. 썬 후 랩을 벗긴다.

⏰ 10~15분 ┃ 🍽 2~3인분
282kcal/개

• 식빵 3장
• 바닐라 아이스크림 2컵(400㎖)
• 딸기잼 2큰술(또는 다른 과일잼)

아이스크림 샌드를 식빵으로~
아이스크림 샌드위치

<u>01</u> 식빵은 가장자리를 잘라내고 2등분한다.

<u>02</u> 달군 팬에 식빵을 올려 약한 불에서 앞뒤로 각각 2분씩 노릇하게 구운 후 완전히 식힌다.

<u>03</u> 볼에 아이스크림과 딸기잼을 넣어 가볍게 섞는다.

<u>04</u> 식빵 위에 ③을 1/3분량 얹은 후 다른 빵으로 덮는다. 같은 방법으로 2개 더 만든다.

⏰ 10~15분 | 🍲 2인분
205kcal

- 바나나 2개(200g)
- 피스타치오 2큰술
  (껍질 벗긴 것, 또는
  다른 견과류, 20g)
- 올리고당 4큰술(60g)
- 코코아가루 1/2작은술
  (또는 계핏가루)
- 바닐라 아이스크림 약간
  (기호에 따라 가감, 생략 가능)

달콤한 바나나를 더욱 달콤하게 즐기는 방법!

꿀바나나

<u>01</u> 바나나는 껍질을 벗긴 후 어슷하게 3등분하고, 볶은 피스타치오는 잘게 다진다.

<u>02</u> 팬에 올리고당과 코코아가루를 넣고 섞는다.

<u>03</u> 바나나를 넣고 섞은 뒤 중간 불로 끓여 가장자리가 끓어오르면 1분간 저어가며 조린다.

<u>04</u> 조린 바나나와 바닐라 아이스크림을 담고 다진 피스타치오를 뿌린다.

⏰ 10~15분 | 🍽 2인분
460kcal

• 시판 카스텔라 100g
• 바나나 1개(100g)
• 딸기 10개(200g)
• 레몬즙 2큰술
• 오렌지주스 2/5컵(80mℓ)

요구르트 크림치즈

• 생크림 1/4컵(50mℓ)
• 떠먹는 플레인 요구르트
  1/2통(42g)
• 실온에 둔 크림치즈 2큰술
• 설탕 1큰술

Tip 알아두세요

카스텔라는 부드러운 것보다는
찰기가 있는 것을 사용한다.
그래야 오렌지주스를 부었을 때
잘 빨아들여 더욱 맛이 좋다.

쉽고 맛있게 즐기는 영국식 디저트
바나나 딸기트리플

01 볼에 생크림을 담고 단단한 뿔이 생길 때까지 거품기로 한쪽 방향으로 저은 후
요구르트, 크림치즈, 설탕을 넣고 골고루 섞어 랩을 씌운 후 냉장고에 넣어둔다.

02 카스텔라는 사방 2cm 크기로 썬다.

03 바나나 1/4개는 0.5cm 두께로 썰고 레몬즙을 뿌린다.
딸기 2개는 모양대로 0.5cm 두께로 썬다. 나머지 바나나와 딸기를 사방 1cm 크기로 썬다.

04 깊이가 있는 그릇 또는 잔의 가장 아래쪽에 카스텔라를 담고
오렌지주스를 부어 카스텔라를 골고루 적신다.

05 ④의 안쪽 옆면에 단면으로 썬 바나나와 딸기를 둘러 담고 나머지 바나나와 딸기를 담는다.

06 ①을 올린 후 컵을 탁탁 쳐서 안쪽에 빈 공간이 생기지 않도록 한다.
같은 방법으로 1개 더 만든다. 랩을 씌우고 냉장실에 30분간 넣어 차게 먹는다.

⏰ 10~15분 | 🍽 2인분
666kcal

- 초콜릿 맛 통밀크래커 3개
- 바나나 1개(100g)
- 떠먹는 플레인 요구르트
  2통(170g)
- 꿀 1작은술(또는 올리고당)

초콜릿 맛 과자를 듬뿍 넣은
바나나 요구르트 파르페

01 위생팩에 초콜릿 맛 통밀크래커를 넣고 손으로 곱게 부순다.

02 바나나는 사방 1cm 크기로 썬 후 작은 볼에 1큰술을 덜어둔다.

03 큰 볼에 나머지 바나나, 떠먹는 플레인 요구르트, 꿀을 넣고 골고루 섞는다.

04 깊이가 있는 그릇 또는 잔에 ①을 2큰술, ③을 3큰술씩 넣는다.
   같은 과정을 한 번 더 반복한 후 ②의 덜어 둔 바나나를 올려 완성한다.
   ★ 취향에 따라 초콜릿 맛 막대과자, 말린 과일, 견과류, 생과일 등을 더해도 좋다.

나초, 크래커, 빵만 곁들이면 간식이 되는
소스와 스프레드

나초칩에 곁들이면 좋은
① 마늘 감자 소스
⏰ 15~20분 | 🍽 2인분

• 감자 1/2개(100g), 마늘 10쪽(50g),
바질 2장(생략 가능), 생크림 1/2컵
(또는 우유, 100㎖), 레몬즙 1큰술, 설탕
2작은술, 소금 1/4작은술

01 감자는 껍질을 벗겨 사방
2cm크기로 썰고, 마늘은
꼭지를 제거한다.
바질은 0.3cm 두께로 채 썬다.
02 냄비에 감자, 마늘, 물(3컵)을 넣고
센 불에서 바글바글 끓어오르면
6분 30초간 익힌 후 체에 밭쳐
물기를 뺀다.
03 뜨거울 때 볼에 감자와 마늘을 넣어
으깬 후 한 김 식힌다.
04 ③의 볼에 바질과 생크림,
레몬즙, 설탕, 소금을 넣고
골고루 섞는다.

스프레드, 튀김의 소스로도 좋은
② 타르타르 소스
⏰ 20~25분 | 🍽 2인분

• 달걀 1개, 다진 양파 1/2큰술(5g),
다진 피클 1/2큰술(5g), 마요네즈 3큰술,
레몬즙 1작은술, 머스터드 1/2작은술,
소금 1/4작은술, 후춧가루 약간

01 냄비에 달걀, 소금 약간과
달걀이 잠길 정도의 물을 붓고
센 불에서 끓어오르면 중간 불로
줄여 12분간 삶는다. 찬물에 담가
식힌 후 껍질을 벗긴다.
02 볼에 삶은 달걀을 넣어 포크로 으깬다.
나머지 재료를 모두 넣어
골고루 섞는다.

쌀과자나 감자칩에 잘 어울리는
③ 카레 요구르트 소스
⏰ 5~10분 | 🍽 2인분

• 호두 1과 1/2큰술(15g), 카레가루
1/2큰술, 떠먹는 플레인 요구르트 2큰술,

마요네즈 2큰술, 설탕 1/2작은술, 소금 약간

01 호두는 키친타월 위에 올려
잘게 다진다.
02 볼에 모든 재료를 넣고 골고루 섞는다.

크래커에 올리면 카나페가 되는
④ 토마토 오이 소스
⏰ 10~15분 | 🍽 2~3인분

• 토마토 1개(150g), 오이 1/2개(100g),
양파 1/4개(50g), 청양고추 1/2개(생략
가능), 레몬즙 1큰술, 소금 1/4작은술,
올리고당 2작은술(기호에 따라 가감)

01 토마토는 꼭지를 제거하고
반으로 썰어 숟가락으로 씨를 빼고
사방 0.5cm 크기로 썬다.
양파는 사방 0.3cm 크기로 썬다.
02 오이는 칼로 튀어나온 돌기를
제거한 후 사방 0.3cm 크기로 썰고,
청양고추는 잘게 다진다.
03 볼에 모든 채소와 레몬즙, 소금,
올리고당을 넣고 골고루 섞는다.

상큼한 소스가 필요할 땐~
⑤ 오렌지 요구르트 소스
⏰ 20~25분 | 🍽 2~3인분

• 오렌지 1개(300g), 떠먹는 플레인 요구르트 2통(170g), 오렌지 주스 3/4컵(150㎖)

01 오렌지의 위아래를 썬 후 껍질을 칼로 도려 내듯 벗긴다. 속껍질 바로 옆에 칼날을 넣어 과육만 발라낸다. 과육은 사방 2cm 크기로 썬다.
02 냄비에 오렌지 주스를 붓고 센 불에서 끓어오르면 중간 불로 줄여 저어가며 5분간 끓인다.
03 ②에 오렌지 과육을 넣고 과육을 으깨가며 4분간 끓인다.
04 볼에 떠먹는 플레인 요구르트, ③을 넣고 골고루 섞는다.

고소한 맛이 부족할 때 곁들이는
⑥ 호두 크림치즈 스프레드
⏰ 5~10분 | 🍽 2~3인분

• 호두 2와 1/2큰술(25g), 크림치즈 2와 1/2큰술(50g), 말린 크랜베리 1큰술, 올리고당 1작은술(기호에 따라 가감)

01 호두와 크랜베리는 굵게 다진다.
02 달군 팬에 호두를 넣고 약한 불에서 1분간 볶는다.
03 볼에 모든 재료를 넣고 골고루 섞는다.

안주용 카나페에 어울리는
⑦ 시금치 스프레드
⏰ 10~15분 | 🍽 2인분

• 시금치 3줌(150g), 잣 2큰술(20g), 마늘 2쪽(10g), 파마산 치즈가루 5큰술, 올리브유 5큰술, 소금 약간, 후춧가루 약간

01 냄비에 시금치 데칠 물(물 8컵 + 소금 1작은술)을 끓인다. 시금치는

지저분한 잎을 떼어내고 칼로 뿌리를 제거한 다음 한 장씩 떼어낸다.
02 ①의 끓는 물에 시금치를 줄기 부분부터 넣어 30초간 데친 후 체에 밭쳐 찬물에 헹궈 물기를 꼭 짠다.
03 푸드프로세서에 모든 재료를 넣어 곱게 간다.

크래커가 맛있어지는
⑧ 오이 크림치즈 스프레드
⏰ 10~15분 | 🍽 2인분

• 오이 1/3개(약 70g), 양파 1/4개(50g), 크림치즈 2와 1/2큰술(50g), 소금 약간, 후춧가루 약간

01 오이는 칼로 튀어나온 돌기를 제거한 후 사방 0.3cm 크기로 썬다.
02 양파도 오이와 같은 크기로 썬 후 찬물에 10분간 담가 매운 맛을 뺀 후 체에 밭쳐 물기를 빼고 키친타월에 올려 물기를 꼭 짠다.
03 볼에 모든 재료를 넣고 골고루 섞는다.

가벼운 한 끼로 즐겨도 좋은
토핑 요구르트

고소한 영양이 가득~
❶ 말린 과일과 견과류 요구르트
⏰ 10~15분 | 🍽 2인분

• 떠먹는 플레인 요구르트 2통(170g),
모둠 견과류 3큰술, 말린 과일 3큰술,
꿀 2큰술(또는 올리고당)

01 견과류, 말린 과일은 키친타월에
　 올려 굵게 다진다.
02 달군 팬에 견과류를 넣고 약한 불에서
　 3분간 볶은 후 체에 밭쳐
　 부스러기를 떨어낸다.
03 볼에 요구르트를 담고 견과류,
　 말린 과일을 올리고 꿀을 뿌린다.

다양한 토핑으로 활용 가능한
❷ 땅콩소보로 과일 요구르트
⏰ 20~25분 | 🍽 4~5회분

• 떠먹는 플레인 요구르트 2통(170g),
생과일 약간 **땅콩소보로** 밀가루
100g(박력분), 버터 40g, 설탕 3큰술,
땅콩버터 2큰술(50g), 소금 약간

01 오븐 팬에 종이 포일을 깐다.
　 오븐은 160℃(미니 오븐 동일)로
　 예열한다. 밀가루는 체에 내린다.
02 볼에 땅콩소보로 재료를 넣고
　 주걱 두 개를 이용하여 버터가
　 팥알 크기가 되도록 자르면서 섞는다.
03 반죽을 ①의 종이 포일 위에 붓고
　 손으로 살짝 쥐었다 부수는 과정을
　 반복해 보슬보슬하게 만든다.
04 160℃(미니 오븐 동일)로 예열된
　 오븐의 가운데 칸에서 15~17분간
　 구운 후 식힌다.
05 요구르트를 그릇에 담고 한입 크기로
　 썬 과일, 땅콩소보로를 올린다.
　 ★ 남은 소보로는 지퍼백에 밀봉해
　 냉동 보관한다.

토핑을 생략하면 음료로도 가능한
❸ 블루베리 바나나 요구르트
⏰ 10~15분 | 🍽 2인분

• 시리얼 1/2컵(25g), 바나나 1개(100g),
떠먹는 플레인 요구르트 1통(85g),

우유 1/2컵(100㎖), 냉동 블루베리
2/3컵(70g), 소금 약간
(기호에 따라 가감) **토핑** 생과일 50g,
시리얼 약간(생략 가능)

01 토핑용 과일은 한입 크기로 썬다.
02 푸드프로세서에 시리얼을 넣고
　 곱게 간 후 나머지 재료를 넣고
　 곱게 간다.
03 ②를 그릇에 담고 취향에 따라
　 토핑용 과일과 시리얼을 올린다.

시리얼을 우유 대신 요구르트에!
❹ 생과일 시리얼 요구르트
⏰ 10~15분 | 🍽 2인분

• 떠먹는 플레인 요구르트 2통(170g),
시리얼 4큰술, 키위 1개(90g),
체리 2개, 포도 6알

01 키위는 껍질을 벗기고
　 사방 0.5cm 크기로 썬다.
02 볼에 시리얼을 넣고 요구르트를
　 담은 후 과일을 올린다.

66 퇴근 후, 주말에 아이들을 위해 준비하는
선물과 같은 것이에요. 99

– 최문영 독자님

샌드위치

햄버거

핫도그

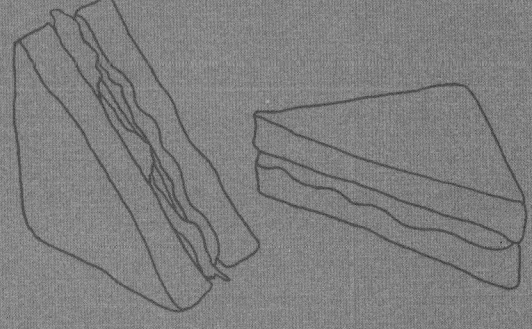

⏱ 20~25분 ㅣ 🍽 2인분
514kcal/개

- 식빵 4장
- 고구마 1개(200g)
- 말린 블루베리 1과 1/2큰술
  (또는 다른 말린 과일, 15g)
- 아몬드 슬라이스 3큰술
  (또는 다른 견과류, 15g)
- 마요네즈 1과 1/2큰술
  +4작은술
- 소금 약간
- 우유 2와 1/2큰술(고구마의
  수분 함량에 따라 가감)

말린 블루베리와 견과류를 넣어 씹는 재미를 더한
고구마샌드위치

<u>01</u> 고구마는 껍질을 벗긴 후 사방 2cm 크기로 썬다. 냄비에 고구마와 고구마가 잠길 정도의
물을 붓고 센 불에서 끓어오르면 중간 불로 줄여 5분간 삶은 후 체에 밭쳐 물기를 뺀다.

<u>02</u> 볼에 고구마를 넣고 숟가락으로 으깬다.

<u>03</u> ②의 볼에 블루베리, 아몬드 슬라이스, 마요네즈(1과 1/2큰술), 소금을 넣어 섞은 후
우유를 1큰술씩 넣어가며 섞는다.
★ 고구마의 수분 함량에 따라 농도를 확인하며 우유를 넣는다

<u>04</u> 4장의 식빵 한쪽 면에 마요네즈를 각각 1작은술씩 펴 바른다.

<u>05</u> 식빵 위에 ③의 1/2분량을 올리고 다른 식빵으로 덮는다.
같은 방법으로 1개 더 만들고 먹기 좋은 크기로 썬다.

⏱ 25~30분 | 🍽 2인분
382kcal/개

- 곡물빵 4장
  (두께 1cm, 또는 식빵 4장)
- 가지 1개(150g)
- 양파 1/2개(100g)
- 슬라이스 치즈 2장
- 올리브유 1큰술 + 1작은술
- 소금 1/2작은술 + 1/4작은술
- 후춧가루 약간
- 머스터드 2작은술

치즈를 넣고 구워 파니니 스타일로 즐기는
구운 가지샌드위치

01 가지는 0.5cm 두께로 어슷 썰고, 양파는 가늘게 채 썬다.
    슬라이스 치즈는 비닐째 2등분으로 칼집을 낸다.

02 넓은 접시에 가지를 펼쳐 올리고 소금(1/2작은술)을 앞뒤로 뿌려 10분간 절인다.
    키친타월로 물기를 제거하고 올리브유(1큰술)을 골고루 뿌린다.

03 달군 팬에 가지를 올려 중간 불에서 앞뒤로 각각 1분씩 구워 덜어둔다.

04 ③의 팬을 키친타월로 닦은 후 다시 달궈 올리브유(1작은술)을 두르고 양파,
    소금(1/4작은술), 후춧가루를 넣고 중간 불에서 3분간 볶는다.

05 4장의 빵 한쪽 면에 머스터드를 각각 1/2작은술씩 펴 바른다.

06 빵 위에 슬라이스 치즈, 가지 1/2분량, 양파 1/2분량, 슬라이스 치즈 순으로 올린 후
    다른 빵으로 덮는다. 같은 방법으로 1개 더 만든다.

07 ④의 팬을 키친타월로 닦은 후 다시 달궈 ⑥을 올려 뒤집개로 눌러가며 중약 불에서
    앞뒤로 각각 2분씩 굽는다.

⏰ 15~20분 ㅣ 🍽 2인분
355kcal/개

- 식빵 4장
- 통조림 참치 1캔(작은 것, 100g)
- 파프리카 1/2개(100g)
- 카레가루 1작은술
- 마요네즈 1과 1/2큰술 + 2작은술
- 올리고당 1작은술
- 후춧가루 약간

입맛 없는 점심때 후다닥 만들어 즐기기 좋은
참치 카레샌드위치

<u>01</u> 파프리카는 씨를 제거하고 잘게 다진다.

<u>02</u> 참치는 체에 밭친 뒤 숟가락으로 눌러 기름을 뺀다.

<u>03</u> 약한 불로 달군 팬에 참치, 카레가루를 넣어 1분간 볶은 후 볼에 담아 한 김 식힌다.

<u>04</u> ③의 볼에 파프리카, 마요네즈(1과 1/2큰술), 올리고당, 후춧가루를 넣고 골고루 섞는다.

<u>05</u> 4장의 식빵 한쪽 면에 마요네즈를 각각 1/2작은술씩 펴 바른다.

<u>06</u> 식빵 위에 ④의 1/2분량을 올린 뒤 다른 식빵으로 덮는다.
　　 같은 방법으로 1개 더 만들고 먹기 좋은 크기로 썬다.

⏰ 20~25분 | 🍽 2~3인분
230kcal/개

- 식빵 4장
- 양배추 4장(손바닥 크기, 120g)
- 양파 1/8개(25g)
- 슬라이스 치즈 1장
- 마요네즈 2작은술

절임 양념
- 설탕 1/2큰술
- 식초 1과 1/2큰술
- 소금 2/3작은술

양념
- 설탕 1/2큰술
- 마요네즈 1큰술
- 머스터드 1작은술
- 후춧가루 약간

샐러드로 샌드위치로, 활용도 만점!
코울슬로 샌드위치

01 양배추는 가늘게 채 썬 후 절임 양념 재료와 함께 볼에 담아 골고루 버무린다.
   5분간 절인 후 물기를 꼭 짠다.

02 양파는 가늘게 채 썰어 찬물에 10분간 담가 매운맛을 뺀 후 체에 밭쳐 물기를 뺀다.
   슬라이스 치즈는 껍질째 사방 0.5cm 크기로 칼집을 낸다.

03 볼에 양배추, 양파, 슬라이스 치즈, 양념 재료를 넣고 골고루 버무린다.

04 4장의 식빵 한쪽 면에 마요네즈를 각각 1/2작은술씩 펴 바른다.

05 식빵에 ③의 1/2분량을 올리고 다른 식빵으로 덮는다. 같은 방법으로 1개 더 만들고
   먹기 좋은 크기로 썬다.

피자가 생각날 때 간단하게 만들 수 있는 피자 샌드위치

⏱ 25~30분 | 🍽 2인분 | 371kcal/개

- 식빵 4장
- 양파 1/4개(50g)
- 브로콜리 1/6개(50g)
- 방울토마토 4개
- 슈레드 피자치즈 1/2컵(50g)
- 식용유 1큰술
- 다진 마늘 1작은술
- 토마토케첩 2큰술
- 소금 1/3작은술
- 후춧가루 약간
- 버터 1큰술

<u>01</u> 식빵의 가장자리를 잘라내고 밀대로 납작하게 민 후 위생팩에 넣어둔다.

<u>02</u> 양파, 브로콜리는 사방 0.5cm 크기로 썰고, 방울토마토는 8등분한다.

<u>03</u> 달군 팬에 식용유를 두르고 다진 마늘, 양파, 브로콜리, 방울토마토, 소금, 후춧가루를 넣어 중간 불에서 2분간 볶는다. 토마토케첩을 넣어 1분간 더 볶은 후 덜어둔다.

<u>04</u> 식빵에 ③과 피자치즈를 1/2분량 올리고 가장자리에 물을 바른다. 다른 식빵으로 덮은 후 포크로 가장자리를 눌러 붙인다. 같은 방법으로 1개 더 만든다.

<u>05</u> 달군 팬에 버터를 넣어 녹인 후 ④를 올려 중약 불에서 앞뒤로 각각 2분씩 굽는다.

아몬드, 바나나, 크림치즈를 넣은 ABC롤 샌드위치

⏱ 25~30분 | 🍽 2인분 | 326kcal/개

- 식빵 4장

스프레드
- 바나나 1개(100g)
- 아몬드 슬라이스 4큰술(20g)
- 실온에 둔 크림치즈 4큰술(80g)
- 블루베리잼 1/2큰술 (또는 다른 과일잼, 기호에 따라 가감)
- 레몬즙 1/2작은술

<u>01</u> 식빵의 가장자리를 잘라내고 밀대로 납작하게 민 후 위생팩에 넣어둔다.

<u>02</u> 볼에 바나나를 넣고 숟가락으로 으깬 후 나머지 스프레드 재료와 섞는다.

<u>03</u> 식빵의 1/2지점까지 스프레드 1/4분량을 펴 바르고 식빵 끝 부분에 물을 살짝 묻혀 돌돌 만다. 같은 방법으로 3개 더 만든다.

<u>04</u> ③을 랩으로 돌돌 말아 완전히 감싼다. 같은 방법으로 3개 더 만들어 5분간 둔 후 랩을 벗겨내고 한입 크기로 썬다.

간식은 물론, 와인 안주로도 좋은 올리브샌드위치

⏱ 25~30분 | 🍽 2인분 | 614kcal/개

- 식빵 4장
- 바질 10장(생략 가능)
- 블랙 올리브 1/2컵(50g)
- 케이퍼 1큰술(10g, 생략 가능)
- 올리브유 2큰술

<u>01</u> 식빵의 가장자리를 잘라내고, 바질은 잎만 떼어낸다. 올리브는 0.5cm 두께로 썬다.

<u>02</u> 키친타월에 블랙 올리브와 케이퍼를 올린 후 꾹꾹 눌러 물기를 제거한다.
★ 물기가 남아있으면 올리브유와 잘 섞이지 않고 스프레드가 짜게 된다.

<u>03</u> 푸드프로세서에 블랙 올리브, 케이퍼, 올리브유를 넣고 간다.
★ 너무 많이 갈면 기름이 분리되어 묽어지니 주의한다.

<u>04</u> 4장의 식빵 한쪽 면에 ③을 1/4분량씩 펴 바른다. 식빵에 바질 5장을 올리고 다른 식빵으로 덮는다. 같은 방법으로 1개 더 만든다.

<u>05</u> 달군 팬에 ④를 올려 중약 불에서 앞뒤로 각각 1분 30초씩 구운 후 2등분한다.

알싸한 쪽파 크림치즈의 풍미가 좋은 쪽파 베이컨샌드위치

⏰ 15~20분 | 🥪 2인분 | 535kcal/개

- 곡물빵 4장(두께 1cm, 또는 식빵 4장)
- 사과 1/3개(70g)

스프레드
- 쪽파 2줄기(20g)
- 베이컨 3과 1/2줄(50g)
- 실온에 둔 크림치즈 5큰술(100g)
- 설탕 1큰술
- 레몬즙 1큰술

01 사과는 씨 부분을 제거하고 껍질째 0.3cm 두께로 썬 후 설탕물(물 1컵 + 설탕 2작은술)에 담가둔다. 쪽파는 송송 썬다.

02 달군 팬에 기름을 두르지 않은 채 베이컨을 올려 중간 불에서 1분 30초간 굽고 뒤집어 약한 불로 줄여 1분간 굽는다. 키친타월에 올려 기름을 뺀 후 사방 0.5cm 크기로 썬다.

03 ①의 사과는 체에 받쳐 물기를 뺀다. 볼에 크림치즈와 설탕, 레몬즙을 넣고 거품기로 푼 후 쪽파, 베이컨을 넣고 섞는다.

04 4장의 빵 한쪽 면에 ③을 골고루 펴 바른 후 사과를 올리고 다른 빵으로 덮는다. 같은 방법으로 1개 더 만든다.

고소한 감칠맛의 샌드위치를 원한다면, 버섯샌드위치

⏰ 20~25분 | 🥪 2인분 | 340kcal/개

- 치아바타 2개(또는 식빵 6장)
- 새송이버섯 2개
  (또는 느타리버섯, 160g)
- 양파 1/2개(100g)
- 슬라이스 치즈 2장
- 포도씨유 2큰술(또는 식용유)
- 설탕 1큰술
- 양조간장 1과 1/2큰술

01 치아바타는 가로로 반을 썬다.

02 새송이버섯과 양파는 0.5cm 두께로 채 썬다. 슬라이스 치즈는 껍질째 2등분으로 칼집을 낸다.

03 달군 팬에 포도씨유(1/2큰술)를 두르고 치아바타의 안쪽 면이 바닥에 닿게 올려 중약 불에서 2분~2분 30초간 노릇하게 구워 덜어둔다. 같은 방법으로 1개 더 굽는다.

04 ③의 팬을 키친타월로 닦고 다시 달군 후 포도씨유(1큰술)를 두르고 새송이버섯을 넣어 중간 불에서 2분, 양파를 넣어 1분, 설탕과 양조간장을 넣고 중약 불로 줄여 3분간 더 볶는다.

05 치아바타에 ④의 1/2분량, 슬라이스 치즈 1장을 올린 후 나머지 치아바타로 덮는다. 같은 방법으로 1개 더 만든다.
★ 식빵을 이용할 때는 1/3분량씩 나눠 3개로 만든다.

남은 과일들을 활용하면 좋아요! 과일 요구르트샌드위치

⏰ 15~20분 | 🥪 2인분 | 468kcal/개

- 식빵 4장
- 체리 5개(또는 딸기, 블루베리 등 생과일)
- 바나나 1개(100g)
- 키위 1/2개(45g)
- 실온에 둔 크림치즈 4큰술(80g)
- 떠먹는 플레인 요구르트 1큰술
- 올리고당 1작은술

01 큰 볼에 크림치즈, 요구르트, 올리고당을 넣어 골고루 섞는다.

02 체리는 깨끗이 씻은 후 반을 썰어 씨를 발라내고 사방 1cm 크기로 썬다.

03 바나나, 키위는 껍질을 벗기고 사방 1cm 크기로 썬다.

04 ①의 볼에 체리, 바나나, 키위를 넣고 버무린다.

05 식빵에 ④의 1/2분량을 올리고 다른 식빵으로 덮는다. 같은 방법으로 1개 더 만들고 먹기 좋은 크기로 썬다.

된장을 넣어 고소한 감칠맛을 즐길 수 있는

봄동 닭가슴살샌드위치

⏰ 25~30분 | 🍽 2인분
357kcal/개

- 곡물빵 4장(두께 1cm, 또는 식빵 4장)
- 봄동 약 6장(60g, 또는 쌈배추)
- 닭가슴살 1쪽(100g)
- 토마토 1/2개(100g)

양념
- 식초 1큰술
- 마요네즈 1큰술
- 꿀 1큰술(또는 올리고당)
- 된장 1작은술(염도에 따라 가감)
- 후춧가루 약간

스프레드
- 마요네즈 1큰술
- 머스터드 1큰술

① 냄비에 닭가슴살 데칠 물(물 3컵 + 소금 1/2작은술)을 끓인다. 봄동은 한 장씩 떼어 흐르는 물에 씻은 후 키친타월로 물기를 완전히 없앤 다음 0.5cm 두께로 어슷 썬다.

② 토마토는 모양대로 0.5cm 두께로 썬 후 키친타월에 올려 물기를 뺀다. 볼에 양념 재료와 스프레드 재료를 각각 섞는다.

③ ①의 끓는 물에 닭가슴살을 넣고 15분간 삶는다. 체에 밭쳐 완전히 식힌 후 결대로 찢는다.

④ 큰 볼에 ②의 양념, 봄동, 닭가슴살을 넣고 가볍게 무친다.

⑤ 달군 팬에 곡물빵을 올려 중간 불에서 1분 30초, 뒤집어 1분간 굽는다.

⑥ 4장의 곡물빵 한쪽 면에 스프레드를 각각 1/2큰술씩 펴 바른다. 빵에 ④, 토마토를 1/2분량씩 올려 나머지 빵으로 덮는다. 같은 방법으로 1개 더 만든다.

Tip 통조림 닭가슴살 사용하기

생닭가슴살 대신 통조림 닭가슴살을 사용해도 좋다. 통조림 닭가슴살 1캔(90g)은 체에 밭쳐 물기를 뺀 후 ④의 과정부터 동일하게 사용한다.

새콤달콤한 귤을 넣어 상큼하게 즐기는
귤 게살샌드위치

⏰ 25~30분 | 🍽 2인분
278kcal/개

- 식빵 4장
- 귤 2개(150g, 껍질 벗긴 후 120g)
- 게맛살 4개(짧은 것, 80g)
- 양파 1/4개(50g)
- 치커리 4장(20g)
- 슬라이스 치즈 2장

요구르트 소스
- 떠먹는 플레인 요구르트 2큰술
- 마요네즈 1과 1/2큰술

스프레드
- 마요네즈 1큰술
- 머스터드 1작은술

치커리는 흐르는 물에 씻은 후 체에 밭쳐
물기를 빼고 한입 크기로 뜯는다.

귤은 껍질을 벗겨 한 알씩 떼어둔다.
게맛살은 손으로 가늘게 찢고,
양파는 가늘게 채 썬다.

볼에 ②와 요구르트 소스 재료를 넣고
섞는다. 작은 볼에 스프레드 재료를 넣고
섞는다.

달군 팬에 식빵을 올리고 중약 불에서
1분 30초, 뒤집어 1분간 굽는다.

4장의 식빵 한쪽 면에 스프레드를 각각
1작은술씩 펴 바른다.

식빵에 치커리와 슬라이스 치즈,
③을 각각 1/2분량씩 올린 후 다른
식빵으로 덮는다. 같은 방법으로 1개 더
만들고 먹기 좋은 크기로 썬다.

⏰ 20~25분 | 🍽 2인분
246kcal/개

- 식빵 4장
- 달걀 1개
- 부추 1줌(50g)
- 슬라이스 햄 2장
- 식용유 1작은술
- 다진 마늘 1작은술

양념
- 마요네즈 1큰술
- 후춧가루 약간

대전의 유명 빵집 메뉴를 식빵으로 따라한
달걀 부추빵

01 작은 냄비에 달걀과 달걀이 잠길 정도의 물을 부어 센 불에서 끓어오르면
중간 불로 줄여 12분간 삶는다. 달걀을 찬물에 담가 한 김 식혀 껍질을 벗기고
볼에 담아 으깬다.

02 부추는 송송 썰고, 슬라이스 햄은 사방 0.5cm 크기로 썬다.

03 달군 팬에 식용유를 두르고 다진 마늘을 넣어 중약 불에서 30초,
슬라이스 햄을 넣고 1분, 부추를 넣고 30초~1분간 볶는다.

04 ①의 볼에 ③과 양념 재료를 넣어 섞는다.

05 식빵의 가장자리를 잘라내고 밀대로 납작하게 민다.

06 식빵 위에 ④의 1/2분량을 올리고 가장자리에 물을 바른 후 다른 식빵으로 덮는다.
★ 식빵의 가운데 부분에 소복하게 담아 내용물이 빠져 나오지 않도록 한다.

07 가장자리를 포크로 눌러가며 붙인다. 같은 방법으로 1개 더 만든다.

⏰ 30~35분 | 🍽 2인분
477kcal/개

- 식빵 4장
- 돼지고기 안심 100g
  (또는 다진 돼지고기)
- 양배추 1과 1/2장
  (손바닥 크기, 45g)
- 다진 양파 2큰술(20g)
- 다진 당근 1큰술(10g, 생략 가능)
- 슈레드 피자치즈 4큰술(28g)
- 식용유 1/2큰술

양념
- 다진 파 1작은술
- 다진 마늘 1/3작은술
- 청주 1작은술
- 양조간장 2작은술
- 올리고당 1과 1/2작은술
- 후춧가루 약간
- 통깨 약간

든든한 샌드위치가 필요할 때 강추!
돼지불고기 포켓샌드위치

<u>01</u> 양배추, 양파, 당근은 사방 0.5cm 크기로 썬다.

<u>02</u> 돼지고기는 굵게 다진 후 볼에 담고 양념 재료와 버무려 10분간 재운다.

<u>03</u> 달군 팬에 식용유를 두르고 양파를 넣은 후 중간 불에서 30초간 볶는다.
양배추와 당근을 넣고 30초간 볶은 후 돼지고기를 넣고 2분간 더 볶는다.

<u>04</u> 식빵 위에 피자치즈(1큰술), ③의 1/2분량, 피자치즈(1큰술)를 올리고 다른 식빵으로 덮는다.

<u>05</u> 밥그릇으로 눌러 식빵 두 장을 붙인다. 같은 방법으로 1개 더 만든다.
★ 식빵끼리 잘 붙지 않는다면 빵과 빵 사이에 물을 살짝 묻혀 한 번 더 눌러 붙인다.

<u>06</u> 달군 팬에 기름을 두르지 않은 채 ⑥을 올려 약한 불에서 앞뒤로 각각 2분씩 굽는다.

⏰ 30~35분 | 🍽 2인분
242kcal/개

- 모닝빵 4개
- 닭가슴살 1과 1/2쪽(150g)
- 양상추 2장(손바닥 크기, 30g)
- 방울토마토 4개(60g)
- 슬라이스 치즈 1장
- 새싹채소 4큰술
  (10g, 또는 어린잎 채소)
- 식용유 1큰술

닭가슴살 밑간
- 청주 1큰술
- 소금 1/4작은술

스프레드
- 말린 블루베리
  1큰술(10g, 생략 가능)
- 마요네즈 3큰술
- 꿀 1과 1/3큰술(또는 올리고당)
- 머스터드 2작은술

맛과 영양 모두를 만족시키는
닭가슴살 미니버거

01 닭가슴살은 칼을 눕혀 1cm 두께로 비스듬히 썬다. 밑간 재료와 버무려 5분간 재운다.

02 양상추는 흐르는 물에 씻은 후 물기를 최대한 제거해 모닝빵과 비슷한 크기로 뜯는다.
방울토마토는 0.5cm 두께로 썰고, 슬라이스 치즈는 껍질째 세모 모양으로 4등분한다.

03 볼에 스프레드 재료를 넣고 골고루 섞는다.

04 달군 팬에 식용유를 두르고 닭가슴살을 올려 앞뒤로 각각 2분씩 굽는다.

05 모닝빵을 반으로 썰고 양쪽 면에 스프레드를 1작은술씩 바른다.

06 모닝빵 위에 닭가슴살, 토마토, 슬라이스 치즈, 새싹채소를 각각 1/4분량씩 올리고
나머지 모닝빵으로 덮는다. 같은 방법으로 3개 더 만든다.

⏰ 25~30분 | 🍽 2인분
220kcal/개

- 모닝빵 4개
- 양상추 2장(손바닥 크기, 30g)
- 방울토마토 3개(45g)
- 슬라이스 치즈 2장
- 실온에 둔 버터 4작은술

쇠고기 토마토소스
- 시판 토마토 스파게티 소스
  1/2컵(100㎖)
- 다진 쇠고기 100g
- 브로콜리 1/6개(50g)
- 양파 1/4개(50g)
- 버터 1큰술
- 다진 마늘 1작은술
- 굴소스 1작은술
  (또는 양조간장 1작은술 +
  설탕 약간)
- 소금 1/3작은술
- 후춧가루 1/4작은술

패티를 따로 만들 필요 없는
미트 소스 미니버거

<u>01</u> 양상추는 흐르는 물에 씻은 후 키친타월로 물기를 제거하고 모닝빵과 비슷한 크기로 뜯는다.
슬라이스 치즈는 껍질째 2등분으로 칼집을 낸다.

<u>02</u> 방울토마토는 1cm 두께로 썬다. 브로콜리와 양파는 사방 0.5cm 크기로 썬다.

<u>03</u> 달군 팬에 버터(1큰술)를 넣어 녹인 후 다진 마늘, 브로콜리, 양파, 굴소스를 넣고 중간 불에서
1분간 볶는다.

<u>04</u> 쇠고기, 소금, 후춧가루를 넣고 2분간 볶은 후 토마토 소스를 넣고 1분간 더 볶는다.

<u>05</u> 모닝빵은 끝부분 1cm를 남기고 반으로 가른다. 안쪽 면에 버터를 1작은술씩
얇게 펴 바른다.

<u>06</u> 모닝빵 위에 슬라이스 치즈, 양상추, ⑤, 방울토마토를 각각 1/4분량씩 올려
모닝빵을 덮는다. 같은 방법으로 3개 더 만든다.

패스트푸드점의 햄버거 부럽지 않은
토마토 소스 홈메이드 버거

⏱ 25~30분 | 🍽 2인분
477kcal/개

- 햄버거 빵 2개
- 토마토 1/2개(100g)
- 슬라이스 치즈 2장
- 마요네즈 2작은술
- 머스터드 1/2작은술
- 식용유 2작은술

패티
- 다진 쇠고기 100g
- 다진 돼지고기 100g
- 소금 1/2작은술
- 후춧가루 약간
- 다진 생강 1/4작은술

소스
- 양파 1/8개(25g)
- 당근 1/8개(25g)
- 시판 토마토 스파게티 소스
  1/2컵(100㎖)
- 소금 1/2작은술
- 올리고당 1작은술
- 식용유 1/2작은술

토마토는 1cm 두께로 썰어 키친타월에 올려 물기를 제거한다. 양파, 당근은 잘게 다진다. 볼에 소스 재료를 넣어 골고루 섞는다.

볼에 패티 재료를 넣고 골고루 치댄다. 2등분하여 두께 1cm, 지름 12cm 크기로 만든다. 같은 방법으로 1개 더 만든다.
★ 패티 재료를 충분히 치대야 구울 때 부서지거나 끝이 갈라지지 않는다.

달군 냄비에 식용유(1/2작은술)를 두르고 양파와 당근을 넣어 약한 불에서 1분간 볶은 다음 토마토 소스, 소금, 올리고당을 넣고 1분간 끓인다.

달군 팬에 햄버거 빵의 안쪽 면이 바닥에 닿도록 올린 후 중약 불에서 1분 30초간 구워 덜어둔다. 팬을 키친타월로 닦은 후 다시 달궈 식용유(2작은술)를 두르고 패티를 올려 중약 불에서 2분간 굽는다. 뒤집어 뒤집개로 누른 후 뚜껑을 덮고 1분 30초간 더 굽는다.

4장의 햄버거 빵에 미요네즈와 머스터드를 각각 1/4분량씩 펴 바른다. 패티, 슬라이스 치즈, 소스, 토마토를 각각 1/2분량씩 올리고 나머지 햄버거 빵으로 덮는다. 같은 방법으로 1개 더 만든다.

쫄깃한 오징어패티와 매콤한 칠리 소스의 맛있는 조화!

불타는 오징어버거 hot🌶

⏰ 35~40분 | 🍽 2인분
732kcal/개

- 햄버거 빵 2개
- 양상추 4장(손바닥 크기, 60g)
- 밀가루 1큰술
- 달걀 1개
- 빵가루 2/3컵(35g)
- 식용유 4큰술
- 마요네즈 1큰술

패티
- 오징어 1마리(240g)
- 두부 작은 팩 1/2모(부침용, 90g)
- 밀가루 3큰술
- 고춧가루 1/2작은술
- 소금 1/2작은술
- 후춧가루 약간

칠리 소스
- 핫소스 1큰술
- 물 2큰술
- 토마토케첩 3큰술
- 올리고당 2큰술
- 다진 마늘 1/2작은술
- 고추장 1/2작은술
- 소금 약간
- 후춧가루 약간

Tip 맵시 않은 소스 만들기
칠리 소스 대신 마요네즈 3큰술,
다진 양파 1/2큰술, 다진 피클
1/2큰술, 소금 1/4작은술,
레몬즙 1작은술, 머스터드
1/2작은술, 후춧가루 약간을 섞어
타르타르 소스를 만들어도 좋다.

1 양상추는 물에 씻은 후 체에 받쳐
물기를 뺀다. 오징어는 몸통에 손을 넣어
내장과 뼈를 빼고, 손에 소금을 묻혀
껍질을 벗긴다. 흐르는 물에서
손가락으로 다리를 훑어가며 빨판을
제거한다. 오징어는 굵게 다져
나머지 패티 재료와 골고루 섞는다.
★ 오징어 손질하기 9쪽 참고

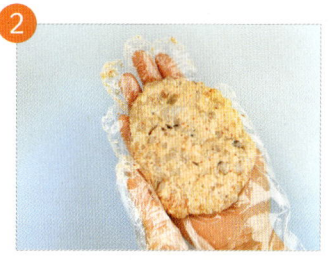

2 ①의 패티 반죽을 2등분한 후
지름 8cm 크기로 동글납작하게 만든다.
★ 위생장갑을 끼고 손바닥에 식용유를
조금 바른 후 패티를 만들면 손에 묻지
않는다.

3 넓고 깊이가 있는 접시 3개에 밀가루,
달걀, 빵가루를 각각 담고, 달걀을 푼다.
패티에 밀가루 → 달걀 → 빵가루를
순서대로 묻힌다. 이때 빵가루는
손바닥으로 꾹꾹 눌러가며 묻힌다.

4 달군 팬에 햄버거 빵의 안쪽 면이 바닥에
닿도록 올린 후 중약 불에서 1분 30초간
구워 덜어둔다. 팬을 키친타월로 닦은 후
달궈 식용유를 두르고 ③을 넣고
중약 불에서 앞뒤로 각각 4분씩 굽는다.

5 냄비에 칠리 소스 재료를 넣고
약한 불에서 저어가며 3분간 끓인 후
한 김 식힌다.

6 햄버거 빵 안쪽 면에 마요네즈
1/2큰술을 펴 바르고 아래의 빵 안쪽
면에는 칠리 소스 1/2분량을 바른다.
패티와 양상추를 1/2분량씩 올리고
나머지 햄버거 빵으로 덮는다.
같은 방법으로 1개 더 만든다.

⏰ 20~25분 | 🍽 2인분
269kcal/개

- 모닝빵 4개
- 통조림 연어 1캔(135g)
- 어린잎 채소 1/2줌
  (또는 양상추, 로메인, 10g)
- 방울토마토 3개(45g)
- 달걀 1개
- 빵가루 4큰술
- 다진 양파 2큰술(20g)
- 소금 1/2작은술
- 후춧가루 1/4작은술
- 식용유 2큰술
- 마요네즈 2큰술

소스
- 다진 양파 1큰술(10g)
- 마요네즈 2큰술
- 토마토케첩 1/2큰술
- 설탕 1작은술

통조림 연어로 간편하게 만드는
연어 미니버거

01 통조림 연어는 체에 밭쳐 물기를 뺀다. 어린잎 채소는 체에 밭쳐 흐르는 물에 씻은 후
    물기를 뺀다.

02 모닝빵은 반으로 썰고, 방울토마토는 0.5cm 두께로 썬다. 작은 볼에 소스 재료를 넣고
    골고루 섞는다.

03 큰 볼에 연어, 달걀, 빵가루, 다진 양파, 소금, 후춧가루를 넣고 섞는다.
    충분히 치댄 후 4등분해 지름 7cm, 두께 1.5cm 크기로 동글납작하게 빚는다.

04 달군 팬에 식용유를 두르고 ③을 올려 중약 불에서 앞뒤로 각각 2분씩 굽는다.

05 모닝빵의 양쪽 면에 마요네즈를 1/4큰술씩 바르고 방울토마토, 패티, 소스,
    어린잎 채소를 1/4분량씩 올린다. 같은 방법으로 3개 더 만든다.

3

4

5

⏰ 15~20분 | 🍽 2인분
430kcal/개

- 핫도그 빵 2개(또는 식빵 2장)
- 프랭크 소시지 2개
- 양파 1/2개(100g)
- 양배추 2장(손바닥 크기, 60g)
- 식용유 1작은술
- 마요네즈 2큰술(기호에 따라 가감)

양념
- 토마토케첩 1과 1/2큰술
- 머스터드 1/2큰술(생략 가능)
- 후춧가루 약간(기호에 따라 가감)

 색다르게 즐기기

핫도그 빵 대신 식빵 1장 사이에
재료를 넣고 반으로 접어 만들어도
좋다. 기호에 따라 양상추, 상추,
다진 오이 피클 등을 곁들인다.

양파와 양배추를 부드럽게 볶아 단맛을 낸
양파 양배추핫도그

01 냄비에 소시지 데칠 물(3컵)을 끓인다. 핫도그 빵은 끝부분 1cm를 남기고
반으로 가른다.

02 소시지는 2cm 간격으로 칼집을 낸다. ①의 끓는 물에 넣고 3분간 데쳐 물기를 뺀다.

03 양파와 양배추는 0.3cm 두께로 가늘게 채 썬다.

04 달군 팬에 식용유를 두르고 양파, 양배추를 넣어 중간 불에서 3분 30초간 볶는다.

05 양념 재료를 넣고 1분간 더 볶는다.

06 핫도그 빵의 양쪽 면에 마요네즈를 각각 1/2큰술씩 바르고 ⑤,
소시지를 1/2분량씩 넣는다. 같은 방법으로 1개 더 만든다.
★ 기호에 따라 토마토케첩과 머스터드를 곁들인다.

냉장고 속 자투리 채소를 이용해 만든
미니 채소핫도그

⏰ 45~50분 🍽 2~3인분
121kcal/개

- 비엔나 소시지 6개
- 피망 1/5개(20g)
- 다진 당근 1큰술(10g, 생략 가능)
- 다진 양파 1큰술(10g)
- 빵가루 5큰술
- 밀가루 1/2큰술
- 식용유 2컵(400㎖)

반죽
- 밀가루 1컵(박력분, 100g)
- 설탕 1큰술
- 물 7큰술
- 소금 1/2작은술
- 베이킹파우더 1/4작은술

1 피망, 당근, 양파는 사방 0.3cm 크기로 다진다. ★ 냉장고 속의 자투리 채소로 대체해도 좋다.

2 볼에 반죽 재료를 넣어 섞고 ①의 채소를 넣어 다시 섞은 후 랩을 씌워 냉장실에서 20분간 휴지시킨다.

3 꼬치에 소시지를 끼운 후 꼬치를 돌리면서 밀가루(1/2큰술)를 골고루 묻혀 탁탁 털어낸다.

4 ②의 반죽에 ③을 넣어 반죽을 두툼하게 입힌 다음 빵가루를 묻힌다.

5 냄비에 식용유를 붓고 180℃가 되도록 중간 불로 끓인다. ④를 넣고 중약 불로 줄인 후 젓가락을 이용해 돌려가며 5분간 튀긴다. ★ 180℃는 핫도그를 넣었을 때 떠오르면서 잔기포가 많이 생기는 정도.

⏰ 30~35분 | 🍴 2인분
164kcal/개

- 프랭크 소시지 4개
- 시판 호떡 믹스 70g
- 이스트 1/8봉(1g)
- 실온에 둔 달걀물 2큰술
- 따뜻한 물 2큰술
  (뜨거운 물 1큰술 + 찬물 1큰술)
- 밀가루 2큰술
- 머스터드 약간
- 토마토케첩 약간

호떡 믹스를 색다르게 활용하는 방법!
호떡 믹스 핫도그

__01__ 오븐은 170℃(미니 오븐 160℃)로 예열한다.
큰 볼에 따뜻한 물(뜨거운 물 1큰술 + 찬물 1큰술)과 이스트를 넣어 골고루 섞는다.

__02__ ①의 볼에 호떡 믹스, 달걀물을 넣고 섞은 후 한 덩어리가 될 때까지 손으로 반죽한다.
★ 시판 호떡 믹스에 따라 차이가 있으니 손에 묻어나지 않을 정도로 믹스를 더한다.

__03__ 도마에 밀가루(1큰술)를 뿌린 후 반죽을 올리고 다시 밀가루(1큰술)를 뿌린다.
밀대로 0.5cm 두께의 사각형이 되도록 넓게 민다. 반죽의 양끝은 썰어내고 4등분한다.

__04__ 반죽 1줄을 소시지에 돌돌 만다. 같은 방법으로 3개 더 만든다.
★ 소시지에 나무 막대를 끼워 핫도그 형태로 만들어도 좋다.

__05__ 오븐 팬에 종이 포일을 깔고 ④를 올려 170℃(미니 오븐 160℃)로 예열된 오븐의
아래 칸에서 10~13분간 구운 후 식힘망에 올려 식힌다. 기호에 따라 머스터드나
토마토케첩을 곁들인다.

⏰ 25~30분 | 🍽 2인분
215kcal/개

- 프랭크 소시지 4개
- 핫케이크 가루 10큰술
- 달걀물 4큰술
- 우유 4큰술
- 식용유 4작은술
- 토마토케첩 약간

팬케이크 안에 소시지가 쏙~
팬케이크 핫도그

<u>01</u> 볼에 핫케이크 가루, 달걀물, 우유를 넣고 골고루 섞는다.

<u>02</u> 달군 팬에 기름을 두르지 않은 채 소시지를 넣고 중약 불에서 굴려가며 2분간 구운 후
덜어 놓는다.

<u>03</u> ②의 팬을 키친타월로 닦은 후 다시 약한 불로 달궈 식용유(1작은술)를 두른 후
키친타월로 펴 바른다. 반죽 1/4분량을 부어 10×15cm 크기로 얇게 펼친 후 1분간 굽는다.

<u>04</u> 뒤집어 30초간 더 익힌다. 양끝에 남은 반죽을 약간씩 바른 후 한쪽 끝에 소시지를 올린다.

<u>05</u> 소시지와 반죽을 함께 돌돌 만 후 끝부분을 살짝 눌러 붙인다.

<u>06</u> 전체적으로 노릇한 색이 날 때까지 1분 30초간 굴려가며 굽는다.
같은 방식으로 3개를 더 만든다. 기호에 따라 토마토케첩을 곁들인다.

⏰ 20~25분 | 🍽 2인분
319kcal/개

- 핫도그 빵 2개(또는 식빵 2장)
- 프랑크 소시지 2개
- 양파 1/4개(50g)
- 익은 배추 김치 1컵(150g)
- 상추 2장(20g)
- 식용유 1/2큰술
- 버터 1/2큰술
- 머스터드 1작은술
  (기호에 따라 가감)

김치 양념
- 설탕 1작은술
- 다진 마늘 1/3작은술
- 토마토케첩 2작은술
- 고추장 1작은술

Tip 색다르게 즐기기

핫도그 빵 대신 식빵 1장 사이에
재료를 넣고 반으로 접어
만들어도 좋다. 또는 치아바타를
핫도그빵처럼 반을 갈라 넣어
만들어도 잘 어울린다.

핫도그에 김치를 넣어 느끼함을 잡은
김치핫도그

01 냄비에 소시지 데칠 물(3컵)을 끓인다. 핫도그 빵은 끝부분 1cm를 남기고 반으로 가른다.

02 소시지는 2cm 간격으로 칼집을 낸다. ①의 끓는 물에 넣고 3분간 데쳐 물기를 뺀다.

03 양파는 0.5cm 두께로 채 썬다. 김치는 속을 털어내고 흐르는 물에 헹궈
0.5cm 두께로 채 썬 후 물기를 꼭 짠다.

04 볼에 김치와 김치 양념 재료를 넣고 버무린다.
상추는 흐르는 물에 씻은 후 체에 밭쳐 물기를 뺀다.

05 달군 팬에 식용유를 두른 후 양파를 넣고 중간 불에서 30초간 볶는다.
버터와 ④의 김치를 넣어 2분간 볶은 후 불을 끈다.

06 핫도그 빵에 상추, 소시지, 양파 김치볶음을 올린 후 머스터드를 뿌린다.
같은 방법으로 1개 더 만든다.

" 나른한 오후의 단잠처럼 기분 좋은 **달콤함을**
선사해주는 것이랍니다. "

– 송선호 독자님

빵과 크래커를
이용한 간식

⏰ 15~20분 | 🍽 2인분
281kcal/개

- 식빵 2장
- 양파 1/2개(100g)
- 슬라이스 햄 2장
- 슈레드 피자치즈 1/2컵(50g)
- 올리브유 1큰술(또는 식용유)
- 발사믹 식초 1과 1/2큰술
- 파슬리 가루 약간(생략 가능)

Tip 오븐으로 굽기

전자레인지 대신 오븐을 사용하려면 ④번 과정까지 완성한 후 180℃(미니 오븐 동일)로 예열된 오븐의 가운데 칸에서 5분간 굽는다.

전자레인지로 휘리릭 만드는
볶은 양파와 햄토스트

01 양파는 가늘게 채 썬다.

02 달군 팬에 올리브유를 두르고 양파를 넣어 중간 불에서 1분 30초간 볶는다.

03 ②의 팬에 발사믹 식초를 넣고 1분간 볶은 후 불을 끈다.

04 내열 접시에 식빵을 올리고 슬라이스 햄, ③의 양파, 피자치즈를 나눠 올린다.

05 전자레인지(700W)에 ④를 넣고 2~3분간 치즈가 녹을 정도로 익힌다.

06 파슬리 가루를 골고루 뿌린 후 먹기 좋은 크기로 자른다.

⏱ 20~25분 | 🍽 2~3인분
289kcal/개

- 식빵 3장
- 양배추 4장(손바닥 크기, 120g)
- 양파 1/4개(50g)
- 베이컨 3과 1/2줄(50g)
- 달걀 3개
- 굴소스 1큰술(또는 양조간장 1큰술
  + 설탕 약간)
- 마요네즈 4와 1/2작은술
  (기호에 따라 가감)
- 식용유 2작은술
- 가쓰오부시 약간
  (기호에 따라 가감)

반죽 없이 볶아 빵에 올려 먹는
오코노미야키 토스트

<u>01</u> 양배추, 양파, 베이컨은 가늘게 채 썬다. 볼에 달걀을 넣어 골고루 푼다.

<u>02</u> 중약 불로 달군 팬에 식빵을 올려 1분 30초, 뒤집어서 1분간 굽는다.

<u>03</u> 팬의 빵 부스러기를 털어 낸 다음 다시 달궈 식용유를 두르고
양파, 베이컨을 넣어 중간 불에서 1분간 볶는다.

<u>04</u> 양배추, 굴소스를 넣고 1분, ①의 달걀을 부어 1분 30초간 볶는다.

<u>05</u> 3장의 식빵 한쪽 면에 마요네즈를 1과 1/2작은술씩 펴 바른다.
④의 1/3분량을 올린 다음 가쓰오부시를 올린다. 같은 방법으로 2개 더 만든다.

감자가 듬뿍 들어가 더욱 든든한
치즈 감자토스트

빵과 크래커를 이용한 간식

Cheese Potato Toast!

⏰ 25~30분 | 🍽 2인분
267kcal/개

- 식빵 2장
- 감자 3/4개(150g)
- 양파 1/8개(25g)
- 피망 1/2개(50g)
- 올리고당 2큰술
- 소금 1/4작은술
  (기호에 따라 가감)
- 우유 1큰술
  (감자의 수분 함량에 따라 가감)
- 머스터드 2작은술
- 슬라이스 치즈 1장(생략 가능)
- 슈레드 피자치즈 1/2컵(50g)
- 파슬리 가루 약간(생략 가능)

1 감자는 껍질을 벗겨 사방 2cm 크기로 썬다. 양파와 피망은 사방 1cm 크기로 썬다.

2 냄비에 감자와 감자가 잠길 정도의 물을 붓고 센 불에서 끓어오르면 중간 불로 줄여 5분간 삶는다. 체에 밭쳐 물기를 빼고 볼에 넣어 숟가락으로 으깬다. 오븐은 180℃(미니 오븐 동일)로 예열한다.

3 ②의 볼에 올리고당과 소금을 넣어 골고루 섞은 다음 마요네즈 농도가 되도록 우유를 넣고 섞는다. ★ 감자의 수분 함량이 적어 농도가 나지 않으면 우유를 1작은술씩 더해가며 섞는다.

4 2장의 식빵 한쪽 면에 머스터드를 각각 1작은술씩 펴 바른 후 1장에 양파와 피망을 올리고 슬라이스 치즈를 올린다. 그 위에 나머지 식빵을 얹고 ③의 감자를 올린 후 피자치즈를 골고루 뿌린다.

5 오븐 팬에 종이 포일을 깔고 ④를 올려 180℃(미니 오븐 동일)로 예열된 오븐의 가운데 칸에서 8분간 노릇하게 굽는다. 파슬리 가루를 뿌린 후 먹기 좋게 썬다.

⏱ 15~20분 | 🍽 2~3인분
531kcal/개

- 식빵 6장
- 슬라이스 햄 4장
- 슬라이스 치즈 4장
- 머스터드 4작은술
- 달걀 2개
- 소금 약간
- 식용유 4큰술
- 슈거파우더 약간(생략 가능)

근사한 브런치로, 맛있는 간식으로!

구운 몬테크리스토

01 식빵은 가장자리를 잘라낸 다음 4장의 식빵 한쪽 면에 머스터드를 각각 1작은술씩 펴 바른다.

02 식빵 → 슬라이스 햄 → 슬라이스 치즈 → 식빵 → 슬라이스 햄 → 슬라이스 치즈 → 식빵(머스터드 바르지 않은 것) 순으로 올린 다음 손바닥으로 꾹 누른다. 같은 방법으로 1개 더 만든다.

03 볼에 달걀과 소금을 넣어 푼 후 ②를 넣고 겉면에 골고루 묻힌다.

04 달군 팬에 식용유(2큰술)를 두르고 ③을 올려 약한 불에서 앞뒤로 각각 1분 30초씩, 옆면을 돌려가며 30초씩 굽는다. 같은 방법으로 1개 더 굽는다.

05 먹기 좋은 크기로 썰어 그릇에 담고 슈거파우더를 뿌린다. ★ 잼을 곁들여도 좋다.

⏰ 15~20분 ┃ 🍽 2~3인분
440kcal

- 식빵 4장
- 사과 1/2개(100g)
- 우유 1/4컵(50㎖)
- 생크림 1/4컵(50㎖)
- 달걀 1/2개
- 설탕 2큰술(기호에 따라 가감)
- 계핏가루 1/2작은술(생략 가능)
- 바닐라 아이스크림 2큰술
  (생략 가능)
- 황설탕 1큰술(또는 설탕)
- 버터 2큰술

 **색다르게 즐기기**

사과 대신 바나나를 구워
곁들여도 프렌치토스트와
잘 어울린다. 바나나는
길게 2등분한다. 달군 팬에
버터(1작은술)를 넣어 녹인 후
바나나를 올려 약한 불에서
앞뒤로 각각 2분씩 구워
프렌치토스트에 곁들인다.

바닐라 아이스크림으로 풍미를 더한
사과조림과 프렌치토스트

01 식빵은 대각선으로 2등분한다. 사과는 깨끗이 씻어 껍질째 6등분하고 씨를 제거한다.

02 달군 냄비에 버터(1큰술)를 녹인 다음 사과를 넣어 중간 불에서 1분간 볶는다.

03 약한 불로 줄이고 황설탕을 넣어 옅은 갈색이 날 때까지 1~2분간 볶는다.

04 큰 볼에 우유, 생크림, 달걀, 설탕, 계핏가루를 넣어 골고루 섞은 다음
    바닐라 아이스크림을 넣는다.

05 ④에 식빵을 담가 충분히 적신다.

06 달군 팬에 버터(1/4큰술)를 녹인 후 식빵 2조각을 올려 앞뒤로 각각 30초씩 굽는다.
    같은 방법으로 나머지 식빵을 굽는다.

07 접시에 구운 식빵을 담고 ③의 사과를 곁들인다.

집에서도 우아하게!

허니 버터 브레드

⏱ 40~45분 | 🍽 2~3인분
472kcal

- 식빵 4장
- 다진 견과류 1큰술(10g, 생략 가능)
- 말린 과일 약간(생략 가능)

휘핑크림
- 생크림A 1/2컵(100㎖)
- 설탕A 1큰술

허니 버터
- 실온에 둔 버터 2큰술(20g)
- 꿀 1큰술

캐러멜 시럽
- 생크림B 2큰술(30㎖)
- 설탕B 2큰술
- 올리고당 1큰술

1 오븐은 180℃(미니 오븐 동일)로 예열한다. 큰 볼에 생크림A를 넣고 핸드믹서의 거품기로 높은 단에서 작은 거품이 생길 때까지 휘핑한다. 설탕A를 넣고 단단한 뿔이 생길 때까지 1분 30초간 휘핑한 다음 랩을 씌워 냉장실에 둔다.

2 바닥이 두꺼운 냄비에 설탕B와 올리고당을 넣고 약한 불에서 냄비를 기울여가며 설탕을 녹인다.
★ 저으면 설탕의 결정이 생기므로 젓지 않고 기울여가며 녹인다.

3 바글바글 끓어오르면 연한 갈색이 될 때까지 2분~2분 30초간 끓인다. 생크림B는 전자레인지(700W)에 30초간 데운다.

4 ③의 냄비에 생크림B를 2회에 나눠 넣고 약한 불에서 주걱으로 섞어가며 30초간 끓인 다음 한 김 식힌다. 작은 볼에 허니 버터 재료를 넣고 섞는다.

5 4장의 식빵 한쪽 면에 허니 버터를 1/4분량씩 펴 바른다. 버터를 바른 면이 위를 향하도록 두 장씩 겹쳐 올린 다음 6등분한다. 오븐 팬에 종이 포일을 깔고 식빵을 올려 180℃(미니 오븐 동일)로 예열된 오븐의 가운데 칸에서 10분간 굽는다.

6 짤주머니에 ④의 캐러멜 시럽을 담고 가위로 끝을 잘라 ⑤의 식빵 위에 뿌린다. ①의 휘핑크림과 견과류, 말린 과일을 곁들인다. ★ 숟가락을 이용해 캐러멜 시럽을 뿌려도 좋다.

파슬리와 로즈마리를 넣어 향과 맛을 진한 생허브 마늘빵

⏱ 15~20분 | 🍞 2인분 | 196kcal/개

- 바게트 1/2개(약 150g, 길이 15cm)
- 파슬리 2g(잎 부분)
- 로즈마리 2g(잎 부분)
- 다진 마늘 1과 1/2큰술
- 연유 1큰술(기호에 따라 가감)
- 실온에 둔 버터 5큰술(50g)
- 꿀 1큰술
- 소금 1/4작은술

01 파슬리와 로즈마리는 잘게 다진다. 오븐은 170℃(미니 오븐 160℃)로 예열한다.

02 볼에 바게트를 제외한 재료를 모두 넣고 골고루 섞는다.

03 바게트는 길게 4등분한다. ★ 바게트는 크기에 따라 달리 썰어도 된다.

04 바게트에 ②를 골고루 펴 발라 오븐 팬에 올린다.
170℃(미니 오븐 160℃)로 예열된 오븐의 가운데 칸에서 6~8분간 굽는다.
★ 4분간 구운 뒤 오븐 팬을 돌려 2~4분간 더 구우면 색이 골고루 난다.

평범한 식빵의 특별한 변신! 아몬드러스크

⏱ 20~25분 | 🍞 2~3인분 | 57kcal/개

- 식빵 4장
- 아몬드 25~30개
  (또는 다른 견과류, 30g)
- 설탕 2큰술
- 실온에 둔 버터 5큰술(50g)

01 푸드프로세서에 아몬드, 설탕, 버터를 넣고 곱게 간다. 오븐은 170℃(미니 오븐 동일)로 예열한다. ★ 아몬드를 곱게 다진 후 버터, 설탕과 섞어도 좋다.

02 식빵은 길게 4~5등분한다. ①을 1작은술씩 식빵의 한쪽 면에 펴 바른다.

03 오븐 팬에 재료가 발린 면이 위로 향하게 식빵을 올린다.

04 170℃(미니 오븐 동일)로 예열된 오븐의 가운데 칸에서 8~10분간
윗면이 노릇하게 될 때까지 굽는다.

두뇌 발달에 좋은 견과류를 듬뿍 올린 견과류토스트

⏱ 20~25분 | 🍞 2~3인분 | 334kcal

- 식빵 2장
- 견과류 1컵(호두, 피스타치오,
  아몬드, 호박씨 등, 60g)
- 말린 크랜베리 1큰술(또는 건포도, 10g)
- 버터 1큰술(10g)
- 설탕 4큰술
- 물 2큰술

01 식빵 가장자리를 잘라내고 열십(+)자로 4등분한다. 견과류는 굵게 다진다.

02 약한 불로 달군 팬에 식빵을 올려 앞뒤로 각각 1분씩 구운 후 접시에 덜어둔다.

03 팬의 빵 부스러기를 털어 낸 다음 견과류를 넣고 저어가며 약한 불에서
1분간 볶은 후 접시에 덜어둔다.

04 ③의 팬을 키친타월로 닦은 후 다시 달궈 버터를 넣어 녹인 후 설탕, 물을 넣고
젓지 않고 팬을 기울여가며 약한 불에서 설탕이 녹을 정도로 끓인다.

05 설탕이 다 녹아 끓어오르면 견과류와 말린 크랜베리를 넣고
골고루 버무린 후 불을 끈다.

06 ⑤를 한 김 식힌 후 식빵 위에 1큰술씩 올린다.

초간단 커스터드 크림을 넣고 과일을 올린

꽃식빵 과일타르트

⏰ 25~30분 | 🍽 2~3인분
169kcal/개

- 식빵 6장
- 딸기 3개
- 청포도 6알
- 민트잎 6장(장식용, 생략 가능)

커스터드 크림
- 달걀노른자 1개분
- 설탕 2와 1/2큰술
- 우유 1/2컵(100㎖)
- 옥수수전분 1큰술
- 생크림 1/4컵(50㎖)
- 설탕 1/2작은술

오븐은 180℃(미니 오븐 170℃)로
예열한다. 식빵은 모양틀로 찍어
모양을 낸다. ★ 모양틀 대신 식빵
가장자리를 잘라내고 사용해도 좋다.

①의 식빵을 손가락으로 꾹꾹 눌러가며
머핀 틀에 넣는다. 180℃(미니 오븐
170℃)로 예열된 오븐의 가운데
칸에서 6분간 구운 후 식힘망에 올려
식힌다. 내열 용기에 우유를 넣고
전자레인지(700W)에서 30초간 데운다.

작은 냄비에 달걀노른자와 설탕(2와
1/2큰술)을 넣고 거품기로 섞은 후
우유와 옥수수전분을 넣고 멍울지지
않도록 섞는다. 약한 불에서 1분 30초
~2분간 저어가며 끓여 냉장실에서 넣어
5분간 식힌다.

볼에 생크림과 설탕(1/2작은술)을 넣고
단단한 뿔이 생길 때까지 거품기로 한쪽
방향으로 젓는다.

Tip 알아두세요
식빵 컵을 만들고 남은 식빵은
달군 팬에 식용유(1작은술)를
두르고 식빵을 올린 후
달걀 1개, 소금, 후춧가루를 넣어
뚜껑을 덮고 약한 불에서
5~8분간 익혀 토스트로 즐긴다.

④의 볼에 ③을 넣어 살살 섞는다.

딸기는 반으로 씰고, 청포도는
한 알씩 떼어낸다. 6개의 식빵 컵 안에
⑤의 커스터드 크림을 나눠 담고
딸기, 청포도, 민트잎을 올려 장식한다.
★ 과일은 기호에 따라 다양하게 사용해도
좋다.

⏰ 20~25분 | 🍽 2~3인분
197kcal

- 식빵 6장
- 피망 2/3개(70g)
- 베이컨 2줄(28g)
- 통조림 옥수수 5큰술(50g)
- 슈레드 피자치즈 1/2컵(50g)
- 마요네즈 4큰술

자투리 채소들을 섞어 컵모양으로 구운
콘치즈 컵케이크

01 오븐은 180℃(미니 오븐 170℃)로 예열한다. 식빵은 가장자리를 잘라내고 밀대로 밀어 납작하게 만든다.

02 머핀 틀이나 미니 오븐 용기에 식빵을 넣어 180℃(미니 오븐 170℃)로 예열된 오븐의 가운데 칸에서 5분간 굽는다.

03 피망과 베이컨은 통조림 옥수수 크기로 썬다.

04 볼에 피망, 베이컨, 옥수수, 피자치즈, 마요네즈를 넣고 섞는다.

05 ②에 ④를 채워 넣고 180℃(미니 오븐 170℃)로 예열된 오븐의 가운데 칸에서 7분간 굽는다.

⏱ 40~45분 | 🍽 2~3인분
799kcal

- 식빵 2장
- 고구마 1개(또는 단호박, 200g)
- 견과류 1/2컵(땅콩, 캐슈너트,
  아몬드 등, 55g)
- 실온에 둔 버터 1작은술
- 슈거파우더 약간(생략 가능)

반죽
- 달걀 2개
- 생크림 3/4컵(또는 우유, 150㎖)
- 우유 1/2컵(100㎖)
- 설탕 2와 1/2큰술
- 소금 1/3작은술

푸딩이 이렇게 쉬워? 부드럽고 고소한
고구마 브레드푸딩

<u>01</u> 오븐은 180℃(미니 오븐 170℃)로 예열한다. 내열 용기의 안쪽에 버터를 골고루 바른다.

<u>02</u> 식빵은 사방 1.5cm 크기로 썰고, 고구마는 필러로 껍질을 벗긴 후 사방 1.5cm 크기로 썬다.
　　 견과류는 굵게 다진다.

<u>03</u> 냄비에 고구마와 고구마가 잠길 정도의 물을 넣고 센 불에서 끓어오르면 중간 불로 줄여
　　 5분간 삶은 후 체에 밭쳐 물기를 뺀다.

<u>04</u> 큰 볼에 반죽 재료를 넣고 거품기로 골고루 섞는다.

<u>05</u> ④의 볼에 식빵, 고구마, 견과류를 넣고 섞은 뒤 ①의 내열 용기에 담는다.

<u>06</u> 180℃(미니 오븐 170℃)로 예열된 오븐의 아래 칸에서 윗면이 노릇해질 때까지
　　 23~25분간 굽는다. 한 김 식힌 뒤 슈거파우더를 뿌린다.
　　 ★ 기호에 따라 꿀 1큰술을 뿌려 먹어도 좋다.

식빵으로 만들어 간단하지만 근사한 베이킹!

단호박 러스크볼

⏰ 40~45분 | 🍽 2~3인분
185kcal/개

- 식빵 3장
- 단호박 1/8개(100g)
- 건포도 2큰술(또는 말린 크랜베리,
  블루베리, 20g)
- 달걀 1개
- 실온에 둔 버터 5큰술(50g)
- 설탕 3큰술
- 슈거파우더 약간

1

식빵과 단호박은 사방 1cm 크기로 썬다.

2

냄비에 단호박과 물(1컵)을 붓고
센 불에서 끓어오르면 1분 30초간 삶은 후
체에 밭쳐 물기를 뺀다.

3

오븐은 190℃(미니 오븐 동일)로
예열한다. 실온에 둔 버터는 거품기로
마요네즈와 같은 상태가 되도록 푼다.

4

③에 설탕, 달걀을 넣고 골고루 섞은 후
식빵, 단호박, 건포도를 넣고 주걱으로
골고루 섞는다.

5

④는 1/6분량씩 둥글게 뭉친 후 종이
포일을 깐 오븐 팬에 올린다.
★ 반죽을 꾹꾹 눌러 뭉쳐야 모양이
부서지지 않는다.

6

190℃(미니 오븐 동일)로 예열된 오븐의
가운데 칸에서 10분간 굽는다. 오븐 팬
위에서 식힌 후 슈거파우더를 뿌린다.
★ 충분히 식히지 않으면 러스크가 깨질 수
있으니 주의한다.

입맛따라 골라 만드는
세 가지 브루스케타

▼ 버섯 브루스케타

▲ 방울토마토 브루스케타

▼ 새우 베이컨 브루스케타

⏱ 40~45분 | 🍽 2~3인분

- 바게트 1/2개(약 15cm)
- 올리브유 2큰술
- 다진 마늘 2작은술

방울토마토 브루스케타 306kcal
- 방울토마토 3~4개(50g)
- 양파 1/10개(20g)
- 벨큐브 치즈 2개
  (또는 슬라이스 치즈)
- 발사믹 식초 1작은술
- 올리브유 1작은술
- 꿀 1작은술
- 소금 약간

버섯 브루스케타 309kcal
- 표고버섯 2개(40g)
- 어린잎 채소 1/4줌
  (5g, 생략 가능)
- 쪽파 1줄기
- 크림치즈 1큰술
- 올리브유 1/2큰술
- 다진 마늘 1/3작은술
- 발사믹 식초 1작은술
- 소금 약간
- 꿀 1/2작은술

새우 베이컨 브루스케타 352kcal
- 생새우살 3마리(킹사이즈, 60g)
- 베이컨 2줄(28g)
- 양파 1/10개(20g)
- 마요네즈 1큰술
- 핫소스 1/2작은술
- 토마토케첩 1작은술
- 후춧가루 약간

Tip 알아두세요
한 가지 브루스케타를 만들고
싶다면 각 브루스케타의
재료의 분량을 3배로 늘린 후
만든다.

1
바게트는 9등분한다.
작은 볼에 올리브유(2큰술)와 다진
마늘(2작은술)을 넣어 섞은 후 바게트
앞뒤에 펴 바른다. 기름을 두르지 않은
팬에 바게트를 올려 중약 불에서
앞뒤로 각각 1분씩 노릇하게 굽는다.

2
방울토마토 브루스케타 방울토마토는
8등분하고, 양파는 사방 0.5cm 크기로
썬다. 벨큐브 치즈는 사방 0.5cm 크기로
떼어낸다. 볼에 방울토마토 브루스케타
재료를 모두 넣고 섞은 후 10분간 재운다.
바게트(3조각) 위에 나눠 올린다.

3
버섯 브루스케타 표고버섯은
밑동을 뗀 후 모양대로 얇게 썬다.
쪽파는 송송 썰어 크림치즈와 섞는다.

4
달군 팬에 올리브유(1/2큰술)를 두르고
다진 마늘을 넣어 약한 불에서 30초,
표고버섯을 넣고 2분간 볶는다. 중간 불로
올려 발사믹 식초, 소금을 넣어 30초간
볶은 후 불을 끄고 꿀을 넣어 섞는다.
바게트(3조각) 위에 ③의 크림치즈를 바르고
볶은 버섯과 어린잎 채소를 나눠 올린다.

5
새우 베이컨 브루스케타 양파는 가늘게
채 썰어 찬물에 10분간 담갔다가
체에 밭쳐 물기를 없앤다. 베이컨은
1cm 두께로 썬다. 작은 볼에 마요네즈,
핫소스, 토마토케첩을 골고루 섞는다.

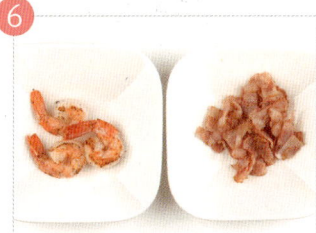

6
달군 팬에 베이컨을 올려 약한 불에서
1분 30초간 볶은 뒤 키친타월에 올려
기름을 제거한다. 같은 팬에 새우와
후춧가루를 넣고 중간 불에서 1분 30초간
뒤집어가며 굽는다. 바게트(3조각) 위에 소스
→ 베이컨 → 새우 → 양파를 나눠 올린다.

크래커에 게맛살 소를 넣어 든든하게 즐기는 맛살샌드

⏱ 20~25분 | 🍽 2인분 | 62kcal/개

- 크래커 20개
- 게맛살 3줄(짧은 것, 60g)
- 파프리카 1/7개(약 30g)
- 마요네즈 1큰술
- 올리고당 1작은술
- 머스터드 1작은술
- 설탕 1/2작은술
- 후춧가루 약간

01 게맛살은 손으로 가늘게 찢는다.

02 파프리카는 꼭지와 씨를 제거하고 사방 0.5cm 크기로 썬다.

03 볼에 크래커를 제외한 모든 재료를 넣고 골고루 섞는다.

04 크래커 위에 ③의 1/10분량을 올리고 다른 1개의 크래커로 덮는다. 같은 방법으로 9개 더 만든다.

단백질과 수분 보충 간식 닭가슴살 오이카나페

⏱ 20~25분 | 🍽 2~3인분 | 53kcal/개

- 크래커 12개
- 닭가슴살 1쪽(100g)
- 오이 1/4개(50g)
- 양파 1/8개(25g)
- 파프리카 1/5개(25g)
- 식용유 1/2작은술
- 토마토케첩 약간

양념
- 마요네즈 1과 1/3큰술
- 소금 약간
- 설탕 약간

01 오이, 양파, 파프리카는 사방 0.5cm 크기로 썬다.

02 닭가슴살도 사방 0.5cm 크기로 썬다.

03 달군 팬에 식용유를 두르고 닭가슴살을 넣어 중간 불에서 2분 30초 간 볶은 후 접시에 덜어 한 김 식힌다.

04 큰 볼에 양념 재료를 넣고 ①과 ③을 넣어 버무린다.

05 크래커 위에 ④를 한 큰술을 올린 후 토마토케첩을 뿌린다. 같은 방법으로 11개 더 만든다.

샌드위치, 샐러드로도 잘 어울리는 고구마 크림치즈카나페

⏱ 15~20분 | 🍽 2~3인분 | 103kcal/개

- 크래커 8개
- 고구마 1개(200g)
- 아몬드 3큰술(30g)
- 말린 크랜베리 3큰술(30g)
- 크림치즈 3큰술(30g)
- 우유 4큰술
  (고구마의 상태에 따라 가감)
- 꿀 1작은술(생략 가능)

01 고구마는 껍질을 벗기고 사방 2cm 크기로 썬다. 냄비에 고구마와 고구마가 잠길 정도의 물을 붓고 센 불에서 끓어오르면 중간 불로 줄여 5분간 삶은 후 체에 밭쳐 물기를 뺀다.

02 아몬드, 크랜베리는 굵게 다진다.

03 볼에 고구마를 담고 숟가락으로 으깬다.

04 ③의 볼에 아몬드, 크랜베리, 크림치즈, 우유, 꿀을 넣어 골고루 섞는다.
★ 고구마의 수분 함량이 적어 퍽퍽하거나 부드럽게 한 덩어리가 되지 않을 경우 우유를 1작은술씩 더해가며 섞는다.

05 크래커에 ④를 2큰술 펴 올린다. 같은 방법으로 7개 더 만든다.

⏱ 20~25분 | 🍽 2~3인분
106kcal/개

- 식빵 4장
- 딸기 6~8개(150g)
- 꿀 1큰술(기호에 따라 가감)
- 식용유 1/2큰술

달걀물
- 달걀 2개
- 우유 1/2컵(100㎖)
- 꿀 2큰술
- 소금 약간

즉석에서 만든 잼을 바른
과일잼샌드 프렌치토스트

<u>01</u> 딸기는 깨끗이 씻은 후 꼭지를 떼고 사방 0.5cm 크기로 다진다.

<u>02</u> 내열 용기에 딸기를 넣고 랩을 씌워 전자레인지(700W)에 넣고 30초간 익힌 후
　　한 김 식혀 꿀을 넣고섞는다.

<u>03</u> 식빵은 열십(+)자로 4등분한다. 볼에 달걀물 재료를 넣고 골고루 섞는다.

<u>04</u> 달걀물에 식빵을 넣어 적신다.

<u>05</u> 달군 팬에 식용유를 두르고 ④의 식빵을 올려 약한 불에서 앞뒤로 각각 2분씩 노릇하게
　　굽는다.

<u>06</u> ⑤를 한 김 식힌 후 ②를 1작은술씩 올려 나머지 식빵으로 덮는다.
　　같은 방법으로 7개 더 만든다.

" 결혼 전에는 간단한 주전부리,
가족이 생기고 난 후에는 사랑을 담아
준비하는 영양식이랍니다. "

– 김원희 독자님

또띠야를 이용한 간식

피자

⏱ 15~20분 │ 🍽 2인분
270kcal/개

- 또띠야 2장(8인치)
- 통조림 닭가슴살 1캔(작은 것, 90g)
- 양상추 3장(손바닥 크기, 45g)
- 파프리카 1/4개(50g)
- 스위트 칠리 소스 2큰술
  (또는 토마토케첩 1과 1/2큰술 +
  올리고당 1작은술)
- 마요네즈 1큰술

Tip 생닭가슴살로 만들기
닭가슴살 1쪽(100g)을 0.5cm
두께로 썬다. 달군 팬에 식용유
1큰술을 두르고 중약 불에서 3분,
뒤집어 2분간 구운 후 한 김 식히고
잘게 찢어 사용한다.

고단백 영양만점 또띠야랩
닭가슴살랩

01 양상추, 파프리카는 0.5cm 두께로 채 썬다. 닭가슴살은 체에 밭쳐 물기를 뺀다.

02 달군 팬에 기름을 두르지 않은 채 또띠야를 올려 중간 불에서 앞뒤로 각각 15초씩 굽는다.

03 작은 볼에 스위트 칠리 소스와 마요네즈를 섞는다. 또띠야의 중앙에 1/2분량을 바르고
양상추, 파프리카, 닭가슴살을 1/2분량씩 올린다.

04 또띠야의 양옆을 접은 후 돌돌 만다. 같은 방법으로 1개 더 만든다.
　★ 먹기 좋게 썰거나 유산지로 감싸도 좋다.

⏱ 30~35분 | 🍽 2인분
351kcal/개

- 또띠야 2장(8인치)
- 참나물 1/4줌(12g)
- 토마토 1/4개(50g)
- 오이피클 1개(30g)
- 양상추 2장(손바닥 크기, 30g)

참치소
- 통조림 참치 1캔(작은 것, 100g)
- 마요네즈 2와 1/2큰술
- 크림치즈 1과 1/2큰술
- 소금 약간
- 설탕 약간
- 후춧가루 약간

퍽퍽하지 않게 참치를 즐길 수 있는
참나물 참치랩

01 참나물은 씻은 후 5cm 길이로 썰고, 양상추는 씻은 다음 키친타월로 물기를 완전히 닦는다.

02 참치는 체에 밭쳐 숟가락으로 눌러가며 기름기를 뺀다. 토마토는 모양대로 0.3cm 두께로 썰어 키친타월로 물기를 닦는다. 오이피클은 잘게 다진다.

03 볼에 참치소 재료를 넣고 골고루 섞는다.

04 달군 팬에 기름을 두르지 않은 채 또띠야를 올려 중간 불에서 앞뒤로 각각 15초씩 굽는다.

05 또띠야의 중앙에 양상추, 참나물, ③, 토마토를 각각 1/2분량씩 올린다.

06 또띠야의 양옆을 접은 후 돌돌 만다. 같은 방법으로 1개 더 만든다.
★ 먹기 좋게 썰거나 유산지로 감싸도 좋다.

상큼한 채소와 돈가스가 잘 어우러진

돈가스랩

⏰ 25~30분 | 🍽 2인분
451kcal/개

- 또띠야 2장(8인치)
- 시판 돈가스 1장(100g)
- 적채 1과 1/2장(손바닥 크기, 또는 양배추, 45g)
- 오이 1/3개(70g)
- 토마토 1/4개(40g, 생략 가능)
- 식용유 3큰술

절임 양념
- 식초 1과 1/2큰술
- 소금 약간

소스
- 통깨 1과 1/2큰술
- 돈가스 소스 2큰술
- 마요네즈 2작은술

① 적채는 가늘게 채 썰어 절임 양념 재료와 버무려 10분간 절인 후 체에 밭쳐 물기를 뺀다.

② 오이는 길이로 반을 썰어 숟가락으로 씨를 파내고 0.5cm 두께로 썬다. 토마토는 0.5cm 두께로 썬다. 달군 팬에 기름을 두르지 않은 채 또띠야를 올려 중간 불에서 앞뒤로 각각 15초씩 구워 덜어둔다.

③ ②의 팬에 식용유를 두르고 돈가스를 넣어 젓가락으로 3~4군데 찌른 후 중간 불에서 2분, 뒤집어 약한 불로 줄여 3분 30초간 구운 후 다시 뒤집어 2분간 더 굽는다. 돈가스를 키친타월에 올려 한 김 식힌 후 4등분한다. ★ 돈가스의 두께에 따라 굽는 시간을 가감한다.

④ 통깨를 위생팩에 넣어 밀대로 밀거나 푸드프로세서에 넣고 곱게 간 다음 볼에 담아 나머지 소스 재료와 골고루 섞는다.

Tip 색다르게 즐기기

④의 과정까지 마친 후 식빵 4장을 살짝 구운 다음 소스 1큰술을 식빵 2장의 한쪽 면에 펴 바른다. 적채, 오이, 토마토, 돈가스 각각 1/2분량씩, 소스 2큰술씩을 올리고 나머지 식빵 2장으로 덮어 샌드위치로 만들어도 좋다.

⑤ 또띠야에 소스 1큰술을 얇게 펴 바르고 적채, 오이, 토마토, 돈가스를 각각 1/2분량씩 올리고 소스 1큰술을 올린다.

⑥ 또띠야의 양옆을 접은 후 돌돌 만다. 같은 방법으로 1개 더 만든다. ★ 먹기 좋게 썰거나 유산지로 감싸도 좋다.

또
띠
야
를

이
용
한

간
식
·
피
자

아보카도 딥을 곁들여 담백하게 즐기는 감자퀘사디야

⏰ 20~25분 | 🍽 2인분 | 423kcal

• 또띠야 2장(8인치)
• 감자 1/2개(100g)
• 슈레드 피자치즈 1/2컵(50g)

아보카도 딥
• 아보카도 1개(200g)
• 양파 1/4개(50g)
• 소금 1/4작은술
• 레몬즙 1작은술
• 후춧가루 약간

01 감자는 껍질을 벗긴 후 사방 2cm 크기로 썬다. 냄비에 감자와 감자가 잠길 정도의 물을 붓고 센 불에서 끓어오르면 중간 불로 줄여 5분간 삶은 후 체에 밭쳐 물기를 뺀다.

02 아보카도는 손질한 후 볼에 담아 으깬다. 양파는 사방 0.5cm 크기로 썬다. 나머지 아보카도 딥 재료와 골고루 섞는다.
★ 아보카도 손질하기 97쪽 ③, ④ 과정 참고

03 볼에 감자를 담아 숟가락으로 으깬 후 피자치즈를 넣어 골고루 섞는다.

04 달구지 않은 팬에 또띠야를 올리고 ③을 골고루 펴 올린 후 나머지 또띠야로 덮는다. 약한 불에서 앞뒤로 각각 3분씩 굽는다.

05 원하는 크기로 썰어 아보카도 딥을 곁들인다.

달콤한 고구마가 듬뿍 들어간 고구마퀘사디야

⏰ 20~25분 | 🍽 2인분 | 292kcal

• 또띠야 2장(8인치)
• 고구마 1/2개(100g)
• 버터 1/2큰술
• 슈레드 피자치즈 1/2컵(50g)
• 꿀 1/2큰술
• 우유 1과 1/2큰술
• 소금 1/4작은술

01 고구마는 껍질을 벗인 후 사방 2cm 크기로 썬다.
냄비에 고구마와 고구마가 잠길 정도의 물을 붓고 센 불에서 끓어오르면 중간 불로 줄여 5분간 삶은 후 체에 밭쳐 물기를 뺀다.

02 볼에 고구마를 담아 숟가락으로 으깬 후 꿀, 우유, 소금을 넣어 골고루 섞는다.

03 달구지 않은 팬에 또띠야를 올리고 ②를 골고루 펴 올린 후 피자치즈를 얹고 나머지 또띠야로 덮는다.

04 약한 불에서 앞뒤로 각각 3분씩 구워 원하는 크기로 썬다.

크림치즈를 넣어 상큼하게 즐기는 크림치즈 옥수수퀘사디야

⏰ 15~20분 | 🍽 2인분 | 354kcal

• 또띠야 2장(8인치)
• 통조림 옥수수 6큰술(60g)
• 양파 1/4개(50g)
• 피망 1/4개(25g)
• 크림치즈 4큰술(80g)
• 슈레드 피자치즈 2큰술(14g)
• 버터 1큰술
• 후춧가루 1/4작은술

01 통조림 옥수수는 체에 밭쳐 물기를 빼고, 양파, 피망은 굵게 다진다.

02 달군 팬에 버터를 넣고 녹인 후 양파를 넣어 중간 불에서 1분, 피망, 옥수수, 후춧가루를 넣고 1분간 볶은 후 그릇에 덜어 한 김 식힌다.

03 2장의 또띠야 한쪽 면에 크림치즈 2큰술씩 펴 바른다.

04 달구지 않은 팬에 또띠야를 올리고 ②를 펼쳐 올린 후 피자치즈를 뿌린다. 나머지 또띠야로 덮은 후 가장자리를 꾹꾹 눌러 붙인다.

05 약한 불에서 앞뒤로 각각 3분씩 구워 원하는 크기로 썬다.

⏰ 15~20분 | 🍽 2인분
410kcal/개

- 또띠야 2장(8인치)
- 슬라이스 치즈 2장
- 슈레드 피자치즈 1/2컵(50g)
- 돼지고기(불고기용) 150g
- 할라피뇨 슬라이스 16개(40g,
  또는 오이피클 슬라이스 7개 +
  송송 썬 청양고추 1개)
- 식용유 1작은술

돼지고기 밑간
- 청주 1작은술
- 다진 생강 1/2작은술
- 굴소스 1작은술
- 후춧가루 약간

매콤한 할라피료를 넣어 느끼함을 잡은
돼지불고기퀘사디아 hot 🌶

01 돼지고기는 1cm 두께로 썰고 볼에 넣어 밑간 재료와 골고루 버무려 10분간 재운다.

02 할라피뇨는 잘게 다진 후 키친타월에 올려 물기를 제거한다.
   슬라이스 치즈는 껍질째 3등분으로 칼집을 낸다.

03 달군 팬에 식용유를 두르고 돼지고기를 넣고 중간 불에서 3분간 볶는다.

04 ③의 팬을 씻은 후 또띠야를 올리고 한쪽에 슬라이스 치즈, 돼지고기, 피자치즈,
   할라피뇨를 각각 1/2분량씩 올린다.

05 또띠야를 반달 모양으로 접어 약한 불에서 앞뒤로 각각 3분간 노릇하게 굽는다.
   같은 방법으로 1개 더 만들어 원하는 크기로 썬다.

⏰ 15~20분 | 🍽 2인분
381kcal/개

- 또띠아 2장(8인치)
- 닭가슴살 1과 1/2쪽(150g)
- 피망 1/2개(50g)
- 양파 1/4개(50g)
- 슈레드 피자치즈 1/2컵(50g)
- 식용유 1큰술

밑간
- 소금 1/4작은술
- 다진 마늘 1작은술
- 청주 1작은술
- 후춧가루 약간

양념
- 카레가루 3큰술
- 고춧가루 1/2작은술
- 물 4큰술

093

아이들 간식은 물론 술안주로도 인기 만점
카레 닭가슴살퀘사디아

<u>01</u> 피망과 양파는 0.5cm 두께로 채 썬다.

<u>02</u> 닭가슴살은 1cm 두께로 편 썬 후 다시 1cm 두께로 채 썰어 밑간에 버무려 10분간 재운다.
작은 볼에 양념 재료를 넣고 골고루 섞는다.

<u>03</u> 달군 팬에 식용유를 두르고 닭가슴살을 넣어 중간 불에서 2분간 볶는다.

<u>04</u> 양파, 피망, 양념을 넣고 1분간 더 볶은 후 접시에 덜어둔다.

<u>05</u> ④의 팬을 씻은 후 또띠아를 올리고 한쪽에 피자치즈 1/4분량, ④의 1/2분량,
피자치즈 1/4분량을 올린다.

<u>06</u> 또띠아를 반달 모양으로 접어 약한 불에서 앞뒤로 각각 3분간 노릇하게 굽는다.
같은 방법으로 1개 더 만들어 원하는 크기로 썬다.

⏰ 15~20분 | 🍽 2인분
274kcal

- 또띠야 1장(8인치)
- 사과 1/2개(100g)
- 호두 3큰술(30g)
- 꿀 1큰술
- 슈레드 피자치즈 1/2컵(50g)
- 파슬리 가루 약간(생략 가능)

달콤한 꿀에 찍어 먹으면 더욱 맛있는
호두 사과피자

<u>01</u> 오븐은 190℃(미니 오븐 동일)로 예열한다. 사과는 반으로 썰어 씨부분을 제거한 후
껍질째 반달 모양으로 얇게 썬다. ★ 사과를 썰어 바로 만들지 않을 경우, 갈변을 막기 위해
설탕물(생수 1컵 + 설탕 1/2큰술)에 담가둔 뒤 체에 밭쳐 물기를 빼고 사용한다.

<u>02</u> 호두는 키친타월 위에 올려 굵게 다진다

<u>03</u> 오븐 팬에 또띠야를 올려 꿀을 골고루 펴 바른 후 다진 호두를 골고루 뿌린다.
190℃(미니 오븐 동일)로 예열된 오븐의 가운데 칸에서 1분간 굽는다.

<u>04</u> ③을 꺼내 피자치즈를 골고루 뿌리고 사과를 돌려 담는다.
다시 190℃(미니 오븐 동일)의 오븐에 넣어 5분간 구운 후 파슬리 가루를 뿌린다.

⏰ 10~15분 | 🍽 2인분
191kcal

- 또띠야 1장(8인치)
- 꿀 1큰술
- 아몬드 슬라이스 3큰술(15g)
- 슈레드 피자치즈 1/2컵(50g)

Tip 팬에서 굽기

오븐 대신 팬을 이용해도 좋다.
모든 과정을 동일하게 만들 되,
③의 과정 대신 달구지 않은 팬에
또띠야를 올린 후 뚜껑을 덮어
아주 약한 불에서 피자치즈가
녹을때까지 8~10분간 익힌다.

고소함과 달콤함이 가득한
꿀 아몬드피자

<u>01</u> 오븐을 180℃(미니 오븐 동일)로 예열한다. 오븐 팬에 또띠야를 올리고
꿀을 골고루 펴 바른다.

<u>02</u> 아몬드 슬라이스를 골고루 올린다.

<u>03</u> 피자치즈를 골고루 뿌린 후 180℃(미니 오븐 동일)로 예열된 오븐의 가운데 칸에서
7분간 굽는다.

건강 과일 아보카도를 더 맛있게 즐길 수 있는

아보카도 샐러드피자

⏰ 20~25분 | 🍽 2인분
334 kcal

- 또띠야 1장(8인치)
- 아보카도 1개(200g)
- 로메인 2장(또는 어린잎 채소,
  샐러드 채소, 20g)
- 방울토마토 3개(45g)
- 양파 1/8개(25g)
- 레몬즙 2큰술
- 아몬드 슬라이스 2큰술(10g)
- 소금 약간

마요네즈 소스
- 마요네즈 1큰술
- 레몬즙 1/2작은술
- 소금 약간
- 후춧가루 약간

1

달군 팬에 기름을 두르지 않은 채
또띠야를 올려 중간 불에서
2분간 굽는다. 약한 불로 줄인 후
뒤집어 1분 30초간 구워 한 김 식힌다.
★ 팬에서 굽는 대신 180℃의
오븐에서 3분간 구워도 좋다.

2

방울토마토는 0.5cm 두께로 썰고,
양파는 잘게 다진다. 로메인은 1cm
두께로 썬 뒤 흐르는 물에 씻어 체에
밭쳐 물기를 뺀다. ★ 로메인은 흐르는
물에 씻어 물기를 최대한 뺀 뒤 냉장실에
넣어두면 더욱 아삭하게 즐길 수 있다.

3

아보카도는 가운데의 씨가 있는
부분까지 돌려가며 칼집을 낸 뒤
손으로 양쪽을 잡고 비틀어서 벌린다.

4

아보카도의 한쪽에 붙어 있는 씨를
칼로 콕 찍어 비틀며 뺀다. 숟가락으로
과육을 파낸다.

5

아보카도의 1/2개는 숟가락으로 곱게
으깬 뒤 양파, 레몬즙(1큰술), 소금 약간을
넣어 골고루 섞는다. 남은 아보카도는
0.5cm 두께로 썬 뒤 레몬즙(1큰술)을
뿌린다. ★ 아보카도에 레몬즙을 뿌리면
색이 변하는 것을 막을 수 있다.

6

볼에 마요네즈 소스 재료를 섞은 후
로메인을 넣어 버무린다.
또띠야 위에 으깬 아보카도를 바르고
방울토마토, 로메인, 아보카도를 올린 후
아몬드 슬라이스를 뿌린다.

Tip 아보카도 고르기
아보카도는 껍질의 색이 검은색에
가깝고 손으로 눌렀을 때 살짝
들어가는 느낌이 드는 정도가
잘 익은 것이다. 덜 익은 아보카도는
따뜻한 곳에 1~2일 정도 두어
익힌다. 사과와 함께 검은 봉지 안에
두면 더욱 빠르게 익힐 수 있다.

⏰ 35~40분 | 🍽 2인분
270kcal

- 또띠야 1장(8인치)
- 시판 토마토 스파게티 소스 2큰술
- 브로콜리 1/8개(38g)
- 양파 1/8개(25g)
- 베이컨 1줄(14g)
- 슈레드 피자치즈 1/2컵(50g)
- 식용유 1작은술

고구마 퓨레
- 고구마 1/2개(100g)
- 소금 약간
- 우유 1큰술
- 꿀 2작은술
- 버터 2작은술

Tip 팬에서 굽기

오븐 대신 팬을 이용해도 좋다.
모든 과정을 동일하게 만들 되,
⑥의 과정 대신 달구지 않은 팬에
또띠야를 올린 후 뚜껑을 덮어
아주 약한 불에서 피자치즈가
녹을때까지 8~10분간 익힌다.

고구마 퓨레를 빙~둘러 구운
고구마피자

01 고구마는 껍질을 벗긴 후 사방 2cm 크기로 썬다. 냄비에 고구마와 고구마가 잠길 정도의
   물을 붓고 센 불에서 끓어오르면 중간 불로 줄여 5분간 삶은 후 체에 밭쳐 물기를 뺀다.

02 오븐은 180℃(미니 오븐 동일)로 예열한다. 브로콜리와 양파는 사방 1cm 크기로 썰고,
   베이컨은 1.5cm 두께로 썬다.

03 냄비에 물(물 2컵 + 소금 1/2작은술)을 끓인다.
   끓어오르면 브로콜리를 넣고 30초간 데친 후 체에 밭쳐 찬물에 헹궈 물기를 뺀다.

04 달군 팬에 식용유를 두르고 양파를 넣어 중약 불에서 1분간 볶은 후
   키친타월 위에 올려 기름기를 뺀다.

05 볼에 고구마를 넣어 숟가락으로 으깬 후 소금, 우유, 꿀, 버터를 넣고 골고루 섞는다.
   위생팩이나 짤주머니에 담고 끝의 3cm 지점을 가위로 자른다.

06 또띠야에 토마토 소스를 펴 바르고, 양파, 브로콜리, 베이컨, 피자치즈를 올린다.
   또띠야의 가장자리에 ⑤의 고구마 퓨레를 짠다. 180℃(미니 오븐 동일)로 예열된 오븐의
   가운데 칸에서 8~10분간 굽는다.

⏰ 25~30분 ㅣ 🍽 2인분
416kcal

- 또띠야 2장(8인치)
- 프랭크 소시지 1개
  (또는 다른 햄, 50g)
- 양파 1/5개(40g)
- 파프리카 1/5개(또는 피망, 40g)
- 시판 토마토 스파게티 소스
  6큰술
- 슈레드 피자치즈
  1과 1/2컵(150g)

\\\ ///
Tip **팬에서 굽기**

오븐 대신 팬을 이용해도 좋다.
모든 과정을 동일하게 만들 되,
④의 과정 대신 달구지 않은 팬에
또띠야를 올린 후 뚜껑을 덮어
아주 약한 불에서 피자치즈가
녹을때까지 8~10분간 익힌다.

또띠야 두 장으로 두툼하게 즐기는
소시지피자

<u>01</u> 오븐은 190℃(미니 오븐 180℃)로 예열한다.
양파와 파프리카는 사방 1cm 크기로 썰고, 소시지는 0.5cm 두께로 어슷 썬다.

<u>02</u> 오븐 팬에 또띠야 1장을 깔고 토마토 소스 3큰술을 펴 바른 후
피자치즈 1/2분량을 올린다.

<u>03</u> ②에 또띠야 1장을 더 올리고 토마토 소스 3큰술을 펴 바른 후 소시지, 양파,
파프리카를 얹고 남은 피자치즈를 골고루 뿌린다.

<u>04</u> 190℃(미니 오븐 180℃)로 예열된 오븐의 가운데 칸에서 8~10분간 굽는다.

⏰ 15~20분 | 🥣 2인분
261kcal

- 또띠야 1장(8인치)
- 어린잎 채소 1과 1/2줌(30g)
- 래디시 1개(생략 가능)
- 슈레드 피자치즈 2큰술(14g)
- 올리브유 1작은술
- 다진 마늘 1큰술
- 꿀 1큰술(기호에 따라 가감)

오일 드레싱
- 올리브유 1작은술
- 소금 약간
- 통후추 간 것 약간(또는 후춧가루)

Tip 팬에서 굽기

오븐 대신 팬을 이용해도 좋다.
모든 과정을 동일하게 만들되,
④의 과정 대신 달구지 않은 팬에
또띠야를 올린 후 뚜껑을 덮어
아주 약한 불에서 피자치즈가
녹을때까지 5분간 굽는다.

돌돌 말아먹는 재미가 있는
샐러드피자

<u>01</u> 오븐은 180℃(미니 오븐 동일)로 예열한다. 어린잎 채소는 체에 밭쳐 씻은 후
그대로 물기를 뺀다.

<u>02</u> 래디시는 줄기와 뿌리를 제거한 후 얇게 썰어 찬물에 5분간 담가 두었다가
체에 밭쳐 물기를 뺀다.

<u>03</u> 달군 팬에 올리브유(1작은술)를 두르고 다진 마늘을 넣어 중간 불에서 1분간 볶는다.

<u>04</u> 오븐 팬에 또띠야를 올리고 ③을 얇게 펴 바른다. 피자치즈를 뿌린 다음
180℃(미니 오븐 동일)로 예열된 오븐의 가운데 칸에서 5분간 굽는다.

<u>05</u> 큰 볼에 어린잎 채소와 래디시, 오일 드레싱 재료를 넣고 살살 버무려 샐러드를 완성한다.

<u>06</u> ④를 꺼내 그릇에 담은 후 가위로 4등분한다. 샐러드를 올린 다음 꿀을 곁들인다.

⏱ 20~25분 | 🍽 2인분
306kcal/개

- 또띠야 2장(8인치)
- 딸기 6개
- 키위 1개(90g)
- 파인애플링 1개(100g))
- 호두 2큰술(20g)
- 떠먹는 플레인 요구르트 2큰술
- 꿀 2큰술
- 슈레드 피자치즈 1/2컵(50g)

Tip 알아두세요

과일 단면에서 수분이 많이
생길 수 있으니 조리 직후 바로
먹는 것이 좋다. 완성 요리에
노릇한 색을 원하면 굽기 직전
또띠야 겉면에 달걀물을 바른다.

팬에서 굽기
오븐 대신 팬을 이용해도 좋다.
⑥의 과정 대신 달구지 않은 팬에
또띠야를 올려 약한 불에서 앞뒤로
각각 3분간 노릇하게 굽는다.

제철 과일로 달콤하게 즐기는
생과일 반달피자

01 오븐은 200℃(미니 오븐 동일)로 예열한다. 과일은 껍질을 벗기고
   한입 크기로 썬 후 키친타월에 올려 물기를 제거한다. 호두는 키친타월에 올려 굵게 다진다.

02 볼에 과일, 요구르트를 넣고 골고루 버무린다.

03 또띠야는 가장자리 1cm를 제외한 곳에 꿀을 펴 바른다.

04 또띠야의 한쪽에 ②, 피자치즈, 호두를 올린다.

05 또띠야를 반달 모양으로 접이 가장자리를 포크로 꾹꾹 눌러가며 붙인다
   같은 방법으로 1개 더 만든다.

06 오븐 팬에 올려 200℃(미니 오븐 동일)로 예열된 오븐의 가운데 칸에서 7분간 굽는다.

또 띠 야 를 이 용 한 간 식 · 피 자

⏱ 15~20분 ┃ 🍽 2인분
278kcal

- 또띠야 1장(8인치)
- 초코크림 3큰술(또는 땅콩버터)
- 바나나 1개
- 브리치즈 1/2개
  (또는 까망베르 치즈, 50g)
- 아몬드 슬라이스1큰술
  (또는 다진 견과류)

Tip 색다르게 즐기기
초코 바나나피자 위에
아이스크림을 곁들이거나
슈거파우더를 뿌리면 더욱
달콤하게 즐길 수 있답니다.

열량 걱정은 잠시 버려요!
초코 바나나피자

01 오븐은 180℃(미니 오븐 동일)로 예열한다. 바나나는 1cm 두께로 썰고,
브리치즈는 8등분한다.

02 또띠야를 오븐 팬에 올려 180℃(미니 오븐 동일)로 예열된 오븐의 가운데 칸에 넣고
1분간 굽는다.

03 또띠야에 초코크림을 골고루 펴 바르고 바나나, 브리치즈, 아몬드 슬라이스를 골고루 올린다.

04 180℃(미니오븐 동일)로 예열된 오븐의 가운데 칸에서 5분간 굽는다.

1

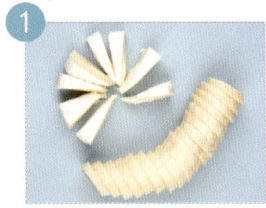

3

4

⏰ 20~25분 | 🍽 2인분
235kcal

- 또띠야 1장(8인치)
- 모둠 치즈 1/2컵
  (슈레드 피자치즈, 블루치즈,
  고르곤졸라 치즈, 생 모짜렐라
  치즈 등, 50g, 기호에 따라 가감)

소스
- 냉동 블루베리 1/2컵
  (또는 생블루베리, 50g)
- 꿀 2큰술

Tip 팬에서 굽기

오븐 대신 팬을 이용해도 좋다.
모든 과정을 동일하게 만들 되,
④의 과정 대신 달구지 않은 팬에
또띠야를 올린 후 뚜껑을 덮어
아주 약한 불에서 피자치즈가
녹을때까지 8~10분간 익힌다.

달콤한 블루베리와 진한 풍미의 치즈와의 조화!
블루베리 치즈피자

01 오븐은 200℃(미니 오븐 동일)로 예열한다. 작은 냄비에 소스 재료를 넣고
    중간 불에서 끓인다.

02 끓어오르면 주걱으로 으깨어가면서 2분 30초간 조린 후 그릇에 옮겨 담아 한 김 식힌다.

03 오븐 팬에 또띠야를 올리고 ②의 소스를 바른다.

04 ③에 치즈를 골고루 얹은 후 200℃(미니 오븐 동일)로 예열된 오븐의 가운데 칸에서
    5분간 굽는다.

팬에서 익혀 그대로 먹는
떠 먹는 감자 베이컨피자

⏱ 30~35분 | 🍽 2~3인분
378kcal

- 감자 3/4개(150g)
- 베이컨 3줄(42g)
- 양파 1/4개(50g)
- 슈레드 피자치즈
  1과 1/2컵(150g)
- 올리브유 1큰술

양념
- 소금 1/3작은술
- 후춧가루 1/8작은술
- 다진 마늘 1작은술
- 올리브유 1큰술

피자 도우
- 밀가루 3/5컵(중력분, 60g)
- 우유 1/2컵(100g)
- 실온에 둔 버터 1/2큰술
- 설탕 1작은술
- 소금 1/3작은술

1
감자는 깨끗이 씻어 껍질째 1.5cm 두께의
웨지 모양으로 10등분한 후 양념에
버무린다. 양파는 0.3cm 두께로 채 썬다.

2
감자를 팬에 올리고 뚜껑을 덮어
약한 불에서 앞뒤로 각각 5분씩 구운 후
덜어둔다.

3
②의 팬을 키친타월로 닦아낸 다음
약한 불로 달구고 베이컨을 올려
1분 30초, 뒤집어서 30초간 구운 후
1cm 두께로 썬다.

4
볼에 피자 도우 재료를 넣고
골고루 섞는다.

5
약한 불로 달군 팬에 올리브유(1큰술)를
두르고 키친타월로 펴 바른다.
피자 도우 반죽을 붓고 평평하게 편 후
5분간 익힌다.

6
피자도우를 뒤집은 후 양파, 베이컨,
감자, 피자치즈의 순으로 올린다.
뚜껑을 덮고 8분간 익힌다.

Tip 알아두세요
완성한 피자를 접시에 옮겨
담으려면 뒤집개를 이용해
피자의 옆 부분을 팬에서
분리시킨 후 팬을 기울여 접시에
옮긴다. 오븐을 이용할 경우에는
200℃로 예열한 오븐의 가운데
칸에서 8분간 굽는다.

⏰ 15~20분 | 🍽 2인분
136kcal

- 나초 15개(45g)
- 블랙 올리브 4개
- 베이컨 1줄(14g)
- 슈레드 피자치즈 1/4컵(25g)
- 통조림 옥수수 2큰술(20g)
- 시판 토마토 스파게티 소스 3큰술

Tip 알아두세요

나초피자를 구운 후 시간이
오래 지나면 소스의 수분
때문에 나초가 눅눅하고
질겨지니 구운 후 바로 먹는
것이 좋다.

팬에서 굽기
오븐 대신 팬을 이용해도 좋다.
모든 과정을 동일하게 만들 되,
④의 과정 대신 달구지 않은
팬에 종이 포일을 깔고 나초를
올린 후 뚜껑을 덮어 아주 약한
불에서 피자치즈가 녹을때까지
8~10분간 익힌다.

딥 소스 대신 토마토 소스를 올려 구운
토마토 소스 나초피자

01 오븐을 200℃(미니 오븐 동일)로 예열한다. 블랙 올리브는 0.5cm 두께로 썰고,
베이컨은 옥수수와 같은 크기로 썬다. 통조림 옥수수는 키친타월에 올려 물기를 제거한다.

02 달군 팬에 베이컨을 넣고 중간 불에서 2분간 볶은 후 키친타월에 올려 기름기를 뺀다.

03 오븐 팬이나 내열 용기에 나초 겹쳐 올린 후 피자치즈 3큰술을 골고루 뿌린다.

04 토마토 소스를 골고루 올리고 블랙 올리브, 옥수수, 베이컨, 나머지 피자치즈를 올린다.
200℃(미니 오븐 동일)로 예열된 오븐의 가운데 칸에서 5분간 굽는다.

⏱ 20~25분 | 🍽 2인분
250kcal

• 나초 15개(45g)
• 대파(흰 부분) 15cm
• 게맛살 3줄(짧은 것, 60g)
• 슈레드 피자치즈 1/4컵(25g)
소스
• 마요네즈 3큰술
• 설탕 1/2큰술
• 통깨 1/2큰술
• 후춧가루 약간

Tip 팬에서 굽기

오븐 대신 팬을 이용해도 좋다.
모든 과정을 동일하게 만들 되,
④의 과정 대신 달구지 않은 팬에
종이 포일을 깔고 나초를
올린 후 뚜껑을 덮어 아주 약한
불에서 피자치즈가 녹을때까지
8~10분간 익힌다.

한입에 쏙! 안주로도, 아이들 간식으로도 좋은
게맛살 나초피자

<u>01</u> 오븐은 180℃(미니 오븐 동일)로 예열한다. 대파는 0.2cm 두께로 송송 썰고,
게맛살은 결대로 가늘게 찢는다.

<u>02</u> 볼에 소스 재료를 넣어 골고루 섞은 후 대파와 게맛살을 넣어 버무린다.

<u>03</u> 오븐 팬이나 내열 용기에 나초를 올리고 ②를 골고루 나눠 올린다.

<u>04</u> 피자치즈를 나눠 올린 후 180℃(미니 오븐 동일)로 예열된 오븐의 가운데 칸에서
8분간 굽는다.

⏰ 15~20분 | 🍽 2인분
35kcal

- 또띠야 1장(8인치)
- 다진 견과류 3큰술(30g)
- 실온에 둔 버터 1큰술
- 꿀 1큰술

Tip 색다르게 즐기기

버터(1큰술)를 바른 또띠야에
황설탕(1~2큰술)과 계핏가루
약간을 뿌려 동일하게 구우면
달콤한 슈가 또띠야로
즐길 수 있다. 달콤한 또띠야칩은
아이스크림에 곁들여도 잘
어울린다.

바삭하게 구워 과자처럼 즐기는
견과류 또띠야칩

<u>01</u> 오븐은 180℃(미니 오븐 동일)로 예열한다. 또띠야에 버터를 골고루 펴 바른다.

<u>02</u> 오븐 팬에 또띠야를 올리고 180℃(미니 오븐 동일)로 예열된 오븐의 가운데 칸에서
　　노릇하게 7~10분간 굽는다.

<u>03</u> 또띠야가 따뜻할 때 버터를 바른 면에 꿀을 얇게 펴 바른다.
　　다진 견과류를 뿌린 후 원하는 크기로 자른다.

우리 가족에게 간식이란?

“늦게 들어오는 남편에게,
놀이터로 뛰어나가며 배고프다고 짹짹거리는
우리 아이에게 간식은
밥보다 더 중요한 것이에요.”

- 장혜란 독자님

부침개

호떡

팬케이크

오믈렛

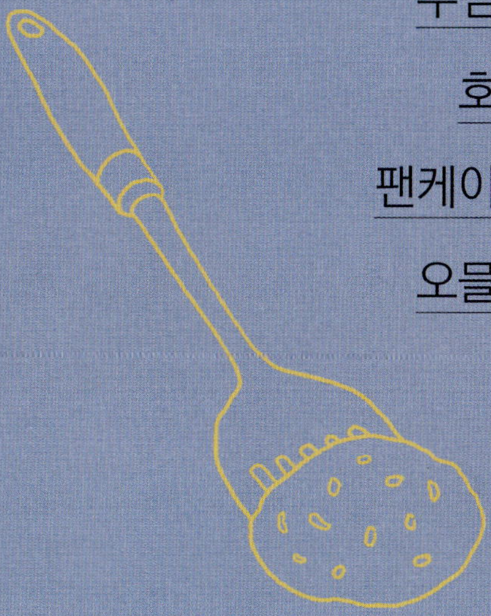

▲ 애호박 감자 베이컨전

▲ 감자 게맛살전

▲ 게맛살 옥수수전

간식은 물론, 밥반찬도 되는 애호박 감자 베이컨전

⏰ 20~25분 | 🍴 2인분 | 468kcal/장

- 애호박 1/4개(70g)
- 감자 1/2개(100g)
- 베이컨 4줄(56g)
- 식용유 4큰술

반죽
- 부침가루 1컵
- 물 1컵(200mℓ)
- 후춧가루 약간

양념장
- 돈가스 소스 2큰술
- 마요네즈 1작은술
- 생수 2큰술
- 통깨 약간

01 애호박과 감자는 0.5cm 두께로 채 썬다.

02 베이컨은 0.5cm 두께로 썬다.

03 작은 볼에 돈가스 소스와 마요네즈를 넣어 골고루 섞은 후
   나머지 양념장 재료를 넣고 골고루 섞는다.

04 큰 볼에 반죽 재료를 넣고 섞는다. 애호박, 감자, 베이컨을 넣어
   골고루 섞는다.

05 달군 팬에 식용유(2큰술)를 두르고 반죽 1/2분량을 올려 숟가락
   뒷면으로 1cm 두께로 편 후 중약 불에서 앞뒤로 각각 3분씩 굽는다.

06 같은 방법으로 1장 더 구워 양념장을 곁들인다.
   ★ 식용유가 부족하면 더 넣는다.

삶은 감자로 부드럽게 만든 감자 게맛살전

⏰ 20~25분 | 🍴 2인분 | 271kcal

- 감자 1개(200g)
- 게맛살 3개
   (짧은 것, 60g)
- 쪽파 2줄기(20g)
- 식용유 2큰술

반죽
- 밀가루 2큰술
- 달걀 1개

- 소금 1/4작은술
- 후춧가루 약간

양념장
- 설탕 1/2작은술
- 양조간장 1작은술
- 식초 1작은술
- 생수 1/2작은술

01 감자는 껍질을 벗겨 사방 2cm 크기로 썬다.
   냄비에 감자와 감자가 잠길 정도의 물을 붓고 센 불에서 끓어오르면
   중간 불로 줄여 5분간 삶은 후 체에 밭쳐 물기를 뺀다.

02 게맛살은 결대로 가늘게 찢고, 쪽파는 송송 썬다.
   볼에 양념장 재료를 넣고 골고루 섞는다.

03 볼에 삶은 감자를 넣어 곱게 으깬 후
   게맛살, 쪽파, 반죽 재료를 넣어 골고루 섞는다.

04 달군 팬에 식용유를 두르고 ③을 1큰술씩 올려 숟가락 뒷면으로
   1cm 두께로 편 후 중약 불에서 앞뒤로 각각 1~2분씩 굽는다.
   접시에 담고 양념장을 곁들인다. ★ 식용유가 부족하면 더 넣는다.

아이들이 좋아하는 재료만 넣어 만든 게맛살 옥수수전

⏰ 20~25분 | 🍴 2인분 | 243kcal

- 게맛살 4개
   (짧은 것, 80g)
- 통조림 옥수수
   4큰술(40g)
- 풋고추 1개
- 식용유 2큰술
- 토마토케첩 약간

반죽
- 부침가루 3큰술
- 달걀 1개
- 물 1큰술
- 소금 1/4작은술
- 후춧가루 약간

01 통조림 옥수수는 체에 밭쳐 물기를 뺀다.

02 게맛살은 결대로 가늘게 찢는다.

03 풋고추는 반으로 갈라 씨를 빼고 사방 0.3cm 크기로 썬다.

04 큰 볼에 반죽 재료를 넣어 골고루 섞은 후
   옥수수, 게맛살, 풋고추를 넣어 한 번 더 섞는다.

05 달군 팬에 식용유를 두르고 ④를 1큰술씩 올려 중약 불에서
   앞뒤로 각각 1~2분씩 굽는다. 기호에 따라 토마토케첩을 곁들인다.
   ★ 식용유가 부족하면 더 넣는다.

⏰ 20~25분 | 🍽 2인분
372kcal/장

- 냉동 생새우살 10마리
  (킹사이즈, 150g)
- 숙주 2줌(100g)
- 대파(푸른 부분) 15cm
- 피망 1/2개(50g)
- 식용유 4큰술

반죽
- 부침가루 1/2컵(50g)
- 물 1/2컵(100㎖)
- 소금 1/4작은술
- 다진 마늘 1작은술

양념장
- 토마토케첩 2큰술
- 올리고당 1작은술
- 고추장 1작은술

숙주를 듬뿍 넣어 아삭하게 즐기는
새우 숙주전

<u>01</u> 냉동 생새우살은 물(2컵)에 담가 10분간 해동한 후 체에 밭쳐 물기를 뺀 후 4등분한다.
    작은 볼에 양념장 재료를 넣어 골고루 섞는다.

<u>02</u> 숙주는 체에 밭쳐 흐르는 물에 씻은 후 물기를 빼고 3cm 길이로 썬다.

<u>03</u> 대파와 피망은 길이 5cm, 두께 0.5cm 크기로 채 썬다.

<u>04</u> 큰 볼에 반죽 재료를 넣어 골고루 섞은 후 생새우살, 숙주, 대파, 피망을 넣어 한 번 더 섞는다.

<u>05</u> 달군 팬에 식용유(2큰술)를 두르고 반죽 1/2분량을 올린 후 숟가락 뒷면으로
    1.5cm 두께로 펼친다.

<u>06</u> 중간 불에서 2분 30초간 구운 후 뒤집고 중약 불로 줄여 2분간 더 굽는다.
    같은 방법으로 1장 더 굽는다. ★ 식용유가 부족하면 더 넣는다.

<u>07</u> 접시에 담고 양념장을 곁들인다.

⏰ 15~20분 | 🍽 2인분
425kcal/장

- 감자 1개(200g)
- 베이컨 3줄(42g)
- 슈레드 피자치즈 1/2컵(50g)
- 식용유 4큰술
- 토마토케첩 약간

반죽
- 부침가루 1/2컵(50g)
- 물 1/2컵(100㎖)

피자치즈가 녹아 고소하게 구워진
감자 베이컨 치즈전

<u>01</u> 감자는 0.3cm 두께로 채 썬다. 베이컨은 0.5cm 두께로 썬다.

<u>02</u> 큰 볼에 반죽 재료를 넣어 섞은 후 감자, 베이컨, 피자치즈를 넣고 한 번 더 섞는다.

<u>03</u> 달군 팬에 식용유(2큰술)를 두르고 반죽 1/2분량을 올린 후 숟가락의 뒷면으로 0.7cm 두께로 펼친다.

<u>04</u> 중약 불에서 앞뒤로 각각 3분씩 굽는다. 같은 방법으로 1장 더 굽는다.
　　★ 식용유가 부족하면 더 넣는다.

<u>05</u> 접시에 담고 토마토케첩을 곁들인다.

⏰ 20~25분 | 🍽 2인분
384kcal/장

• 통조림 옥수수 1/2캔(100g)
• 양파 1/2개(100g)
• 피망 1/2개(50g)
• 비엔나 소시지 4개
• 식용유 4큰술

반죽
• 부침가루 1/2컵(50g)
• 물 1/2컵(100㎖)
• 소금 약간

양념장
• 시판 토마토 스파게티 소스 3큰술
• 핫소스 1작은술

톡톡 씹히는 옥수수가 별미인

옥수수 소시지전

01 통조림 옥수수는 체에 밭쳐 물기를 뺀다. 비엔나 소시지는 모양대로 0.5cm 두께로 썬다.

02 양파와 피망은 옥수수와 같은 크기로 썬다. 작은 볼에 양념장 재료를 넣어 섞는다.

03 큰 볼에 반죽 재료를 넣어 골고루 섞은 후 옥수수, 소시지, 양파, 피망을 넣고 한 번 더 섞는다.

04 달군 팬에 식용유(2큰술)를 두른 후 반죽의 1/2분량을 올린다.
　　 숟가락의 뒷면으로 1cm 두께로 펼친다.

05 중간 불에서 2분간 구운 후 뒤집어 중약 불로 줄여 3분간 더 굽는다.
　　 같은 방법으로 1장 더 굽는다. ★ 식용유가 부족하면 더 넣는다.

06 접시에 담고 양념장을 곁들인다.

1

3

5

⏱ 20~25분(+ 당면 불리기 1시간 30분)
🍽 2인분 | 461kcal/장

- 당면 1/2줌(50g)
- 양파 1/4개(50g)
- 홍고추 1개(생략 가능)
- 표고버섯 1개(25g)
- 쪽파 1줌(50g)
- 식용유 4큰술
- 양조간장 2큰술
- 설탕 1큰술

반죽
- 부침가루 1/2컵(50g)
- 물 1/2컵(100㎖)
- 달걀 2개

양념장
- 고춧가루 1/2큰술
- 양조간장 1큰술
- 생수 1큰술
- 식초 1/2큰술
- 설탕 1작은술(기호에 따라 가감)

쫄깃한 당면을 넣어 별미로 즐기는
당면 채소전

01 당면은 찬물에 담가 1시간~1시간 30분간 불린 후 5cm 길이로 썬다.
   작은 볼에 양념장 재료를 넣고 골고루 섞는다.

02 냄비에 당면 삶을 물(물 3컵 + 양조간장 2큰술 + 설탕 1큰술)을 끓인다. 양파는 가늘게
   채 썰고, 홍고추는 반으로 갈라 씨를 제거한 뒤 2등분한 후 가늘게 채 썬다.

03 표고버섯은 밑동을 떼어내고 모양대로 0.2cm 두께로 썰고, 쪽파는 4cm 길이로 썬다.

04 ②의 끓는 물에 당면을 넣어 센 불에서 3분간 삶은 후 체에 밭쳐 물기를 뺀다.

05 큰 볼에 반죽 재료를 넣어 섞은 후 양파, 홍고추, 표고버섯, 쪽파, 당면을 넣어 한 번 더 섞는다.

06 달군 팬에 식용유(2큰술)를 두르고 반죽 1/2분량을 올린 후 숟가락의 뒷면으로
   1cm 두께로 펼친다.

07 중간 불에서 앞뒤로 각각 1분 30초~2분씩 굽는다. 같은 방법으로 1장 더 굽는다.
   ★ 식용유가 부족하면 더 넣는다.

08 접시에 담고 양념장을 곁들인다.

신김치 넣어 뚝딱 만드는 일본식 부침개
신김치 오코노미야키

⏰ 30~35분 | 🍽 2인분
441kcal/장

- 익은 배추김치 1컵(150g)
- 양배추 2장(손바닥 크기, 60g)
- 돼지고기(불고기용) 80g
- 달걀 2개
- 식용유 4큰술
- 마요네즈 4큰술
  (기호에 따라 가감)
- 돈가스 소스 4큰술
  (기호에 따라 가감)
- 가쓰오부시 1컵(5g)

밑간
- 청주 1작은술
- 굴소스 1/3작은술
  (또는 양조간장)
- 다진 마늘 1/2작은술
- 후춧가루 약간

반죽
- 밀가루 5큰술(중력분, 50g)
- 달걀물 2큰술
- 가쓰오부시 국물 4큰술
- 다진 마늘 1/2작은술
- 소금 약간

가쓰오부시 국물
- 뜨거운 물 3/4컵(150㎖)
- 가쓰오부시 1/2컵(약 2g)

117

1

볼에 가쓰오부시 국물 재료를 넣고 5분간 그대로 둔 후 체에 걸러 가쓰오부시 국물을 만든 다음 한 김 식힌다.

2

양배추는 가늘게 채 썰고, 배추김치는 속을 털어내고 0.5cm 두께로 채 썬다. 돼지고기는 1cm 두께로 썬 후 밑간에 버무려 10분간 재운다.

3

큰 볼에 반죽 재료를 넣어 골고루 섞은 후 양배추, 배추김치, 돼지고기를 넣어 한 번 더 섞는다.

4

달군 팬에 식용유(2큰술)를 두르고 ③의 반죽을 1/2분량을 넣어 숟가락 뒷면으로 1cm 두께로 넓게 편 후 가운데 부분을 살짝 누른다.

5

④의 가운데에 달걀을 깨트려 올린 후 뚜껑을 덮어 약한 불에서 5분, 뒤집어서 4분간 굽는다. 같은 방법으로 1장 더 굽는다. ▲ 식용유가 부족하면 더 넣는다.

6

접시에 담고 마요네즈와 돈가스 소스를 뿌린 뒤 가쓰오부시(1컵)를 올린다.

Tip 알아두세요

마요네즈와 돈가스 소스를 뿌릴 때, 아이 약병을 사용하거나 지퍼백에 소스를 담고 모서리 부분을 이쑤시개로 구멍을 뚫어 뿌리면 훨씬 쉽다.

두유로 반죽하고 씨앗에 검은깨까지 듬뿍 넣은

씨앗호떡

⏱ 45~50분 | 🍽 3~4인분
227kcal/개

- 시판 호떡 믹스 1봉(400g)
- 땅콩 2큰술(20g)
- 호박씨 2큰술(20g)
- 해바라기씨 3큰술(15g)
- 달지 않은 두유 1과 1/2컵(또는 우유, 300㎖)
- 검은깨 1/2작은술
- 식용유 2큰술
  ★ 호박씨나 해바라기씨 등이 없을 경우 다른 견과류로 대체 가능

1

땅콩은 껍질을 벗긴 후 키친타월 위에 올려 굵게 다진다. 달군 팬에 기름을 두르지 않은 채 땅콩, 호박씨, 해바라기씨를 넣고 약한 불에서 1분 30초간 볶은 후 접시에 펼쳐 한 김 식힌다.

2

볼에 호떡 믹스의 설탕 믹스를 붓고 ①을 넣어 섞는다.

3

내열 용기에 두유를 담아 전자레인지(700W)에서 30초간 데운다. 두유에 이스트를 넣어 녹인 다음 호떡 반죽 믹스와 검은깨를 넣고 매끈하게 치대어 10등분한다. ★ 호떡 믹스의 종류에 따라 발효가 필요한 경우 포장지에 적힌 시간에 맞춰 발효시킨다.

4

손에 식용유를 약간 바른 후 반죽 1개를 손바닥 크기로 넓게 펼친다.

5

반죽 1개당 ②의 소 1/10분량(20g)을 넣어 끝부분을 오므려 붙인다. 같은 방법으로 9개 더 만든다.

6

달군 팬에 식용유(2큰술)를 두른 후 ⑤를 올린다. 국자나 뒤집개에 식용유를 살짝 묻혀 호떡을 누른 뒤 약한 불에서 앞뒤로 각각 1~2분씩 눌러가며 굽는다. ★ 약한 불에서 기름을 충분히 달군 후 호떡을 구워야 노릇하게 구울 수 있다. 식용유가 부족할 경우 더 넣어가며 굽는다.

남대문 시장의 길거리 인기 간식 따라잡기

잡채호떡

⏱ 30~35분
(+ 당면 불리기 1시간 30분)
🍲 3~4인분 | 226kcal/개

- 시판 호떡 믹스 1봉(400g)
- 당면 1줌(50g)
- 양파 1/2개(100g)
- 부추 1줌(50g)
- 다진 마늘 1작은술
- 식용유 4큰술

양념
- 설탕 1/2큰술
- 양조간장 2큰술
- 후춧가루 약간

당면 삶는 물
- 물 5컵(1ℓ)
- 설탕 1과 1/2큰술
- 양조간장 3큰술

1

큰 볼에 당면과 잠길 만큼의 찬물을 부어 1시간~1시간 30분간 불린다.
양파는 3cm 길이로 썬 후 가늘게 채 썰고, 부추는 3cm 길이로 썬다. 작은 볼에 양념 재료를 모두 넣어 섞는다.

2

냄비에 당면 삶는 물 재료를 넣고 중간 불에서 끓어오르면 당면을 넣어 1분 30초간 데친 뒤 체에 받쳐 물기를 뺀다. 볼에 담고 가위로 6~7회 자른다.

3

큰 볼에 호떡 반죽 믹스를 담고 포장지에 적힌 반죽 방법에 따라 반죽한 뒤 매끈하게 치대어 8등분한다. ★ 호떡 믹스의 종류에 따라 발효가 필요한 경우 포장지에 적힌 시간에 맞춰 발효시킨다.

4

달군 팬에 식용유 1큰술을 두르고 양파를 넣어 중간 불에서 1분 30초~2분, 약한 불로 줄여 당면과 ①의 양념을 넣어 1분 30초간 볶는다. 중간 불로 올려 부추를 넣고 30초~1분간 더 볶은 뒤 불을 끈다.

5

손에 식용유를 약간 바른 후 반죽 1개를 손바닥 크기로 넓게 펼친 후 ④의 소 1/8분량(35g)을 넣어 끝부분을 오므려 붙인다. 같은 방법으로 7개 더 만든다.

6

달군 팬에 식용유(3큰술)를 두른 후 ⑤를 올린다. 뒤집개에 식용유를 살짝 묻혀 호떡을 누른 뒤 약한 불에서 앞뒤로 각각 1~2분씩 눌러가며 굽는다. ★ 약한 불에서 기름을 충분히 달군 후 호떡을 구워야 노릇하게 구울 수 있다. 식용유가 부족할 경우 더 넣어가며 굽는다.

Tip 색다르게 즐기기
취향에 따라 과정 ④에서 부추를 볶고 불을 끈 뒤 호떡 믹스 제품에 들어있는 설탕 믹스 1큰술을 넣어 버무려도 좋다.

⏱ 20~25분 | 🍽 2인분
276kcal/장

- 고구마 1개(200g)
- 달걀 2개
- 우유 5큰술
- 올리고당 1큰술
- 소금 1작은술
- 식용유 2작은술
- 샐러드 채소 약간

허니 요구르트
- 떠먹는 플레인 요구르트 1통(85g)
- 레몬즙 1작은술
- 꿀 1작은술(기호에 따라 가감)
- 소금 약간

밀가루 대신 고구마로 반죽해 더욱 든든한
고구마 팬케이크

01 고구마는 필러로 껍질을 벗기고 사방 2cm 크기로 썬다.

02 냄비에 고구마와 고구마가 잠길 정도의 물을 넣고 센 불에서 끓어오르면
중간 불로 줄여 5분간 삶은 후 체에 밭쳐 물기를 뺀다.

03 큰 볼에 고구마를 넣고 뜨거울 때 숟가락으로 으깬다.

04 ③의 볼에 달걀, 우유, 올리고당, 소금을 넣고 골고루 섞는다.
★ 반죽이 떠먹는 요구르트 농도가 되도록 우유의 양을 가감한다.

05 달군 팬에 식용유(1작은술)를 두르고 키친타월로 골고루 펴 바른 후
반죽 1/2분량을 올려 숟가락으로 1cm 두께가 되도록 편다.

06 약한 불에서 뚜껑을 덮고 3분간 구운 후 뒤집어 뚜껑을 열고 1~2분간 익힌다.
같은 방법으로 1장 더 굽는다.

07 작은 볼에 허니 요구르트 재료를 넣고 골고루 섞어 고구마 팬케이크에 곁들인다.
기호에 따라 샐러드 채소를 곁들여도 좋다.
★ 허니 요구르트 대신 메이플 시럽이나 잼을 곁들여도 좋다.

- 시판 핫케이크가루 약 1컵(100g)
- 감자 1개(200g)
- 달걀 1/2개
- 우유 1/2컵(또는 물, 100㎖)
- 소금 1/2작은술 + 1/4작은술
- 식용유 6작은술

123

달지 않아 어른들도 좋아하는
감자 팬케이크

01 감자는 0.5cm 두께로 채 썬다. 흐르는 물에 헹군 후 체에 밭쳐 물기를 뺀다.

02 달군 팬에 식용유(3작은술)를 두르고 감자, 소금(1/2작은술)을 넣어
중간 불에서 4분간 볶은 후 접시에 덜어 한 김 식힌다.

03 큰 볼에 핫케이크가루, 달걀, 우유, 소금(1/4작은술)을 넣어 섞은 후
②를 넣고 골고루 섞는다.

04 ②의 팬을 씻은 후 약한 불로 달궈 식용유(1작은술)를 두르고
키친타월로 골고루 펴 바른다.
반죽의 1/3분량을 올려 숟가락으로 1cm 두께가 되도록 편다.

05 앞뒤로 각각 2분 30초씩 굽는다. 같은 방법으로 두 장 더 굽는다.

⏱ 20~25분 ┃ 🍽 2인분
451kcal/장

- 시판 핫케이크가루
  2와 1/2컵(250g)
- 바나나 1개(100g)
- 달걀 1개
- 우유 3/4컵(150㎖)
- 식용유 3작은술

블루베리 요구르트 드레싱
- 블루베리 1/4컵(25g)
- 떠먹는 플레인 요구르트 1통(85g)

바나나가 꼭꼭 박혀 달콤하고 부드럽게~
바나나 팬케이크

01 바나나 1/4개는 0.3cm 두께로 동그랗게 썰고, 나머지는 0.3cm 두께의
반달 모양으로 썬다. 볼에 블루베리 요구르트 드레싱 재료를 넣어 섞는다.

02 큰 볼에 핫케이크가루, 달걀, 우유를 넣고 거품기로 골고루 섞은 후
①의 반달 모양으로 썬 바나나를 넣고 주걱으로 가볍게 섞는다.

03 달군 팬에 식용유(1작은술)를 두르고 키친타월로 펴 바른 후
②의 반죽 1/3분량을 올려 숟가락으로 1cm 두께가 되도록 편다.

04 ①의 동그랗게 썬 바나나 1/3분량을 얹어 약한 불에서 2~3분간,
뒤집어 1~2분간 더 굽는다. 같은 방법으로 2장 더 굽는다.

05 접시에 팬케이크를 담고 블루베리 요구르트 드레싱을 곁들인다.
★ 취향에 따라 블루베리 요구르트 드레싱 대신 메이플 시럽, 아가베 시럽 등을
곁들여도 좋다.

⏰ 20~25분 | 🍽 2인분
179kcal/장

- 두부 큰 것 1/2모(부침용, 150g)
- 달지 않은 두유 3/4컵(또는 우유, 150mℓ)
- 밀가루 1컵(중력분, 100g)
- 설탕 1큰술
- 베이킹파우더 1작은술
- 소금 1/4작은술
- 버터 1큰술
- 식용유 4작은술
- 메이플 시럽 약간
- 블루베리 약간(생략 가능)
- 슈거파우더 1/2작은술(생략 가능)

두부를 갈아 넣어 칼로리는 낮춘
두부 팬케이크

<u>01</u> 믹서에 두유와 두부를 넣고 곱게 간다.

<u>02</u> 큰 볼에 ①, 밀가루, 설탕, 베이킹파우더, 소금을 넣어 골고루 섞는다.

<u>03</u> 버터는 내열 용기에 담아 전자레인지(700W)에 30초간 녹인 후 ②의 반죽에 넣어 섞는다.

<u>04</u> 달군 팬에 식용유(1작은술)를 두르고 키친타월로 펴 바른 후
　　③의 반죽을 1/4분량 붓고 숟가락으로 1cm 두께가 되도록 편다.

<u>05</u> 약한 불에서 3분간 구운 후 뒤집어 2분간 굽는다. 같은 방법으로 3장 더 굽는다.

<u>06</u> 팬케이크를 담고 위에 메이플 시럽을 뿌린다.
　　기호에 따라 블루베리나 다른 과일을 올린 뒤 슈거파우더를 뿌린다.

커피에도, 우유에도 굿!

생딸기 크레페

⏰ 30~35분(+ 휴지시키기 30분)
🍽 2~3인분 | 181kcal/개

- 딸기 15~20개(1/2팩, 250g)
- 생크림 1/2컵(100㎖)
- 설탕 1큰술

반죽
- 밀가루 25g(중력, 다목적용)
- 가염버터 25g(또는 무염버터 +
  소금 1작은술)
- 우유 5큰술(75㎖)
- 설탕 1큰술
- 달걀 1/2개(25g)

1 내열 용기에 버터를 담고 전자레인지(700W)에서 30초간 데운 후 우유를 넣고 30초간 더 데운다. 볼에 담고 설탕(1큰술), 달걀을 넣고 거품기로 섞는다.

2 ②의 볼에 밀가루를 넣고 거품기로 섞은 뒤 체에 내린 다음 랩을 씌워 냉장실에서 30분간 휴지시킨다.

3 딸기는 깨끗이 씻어 꼭지를 뗀다.

4 약한 불로 달군 팬에 ②의 반죽을 한 국자 떠 넣고 지름 15cm가 되도록 국자 바닥으로 둥글게 돌려가며 얇게 편다. 1분 30초간 익힌 뒤 뒤집어 1분간 더 굽고 넓은 접시에 겹치지 않게 펼쳐 식힌다.

5 큰 볼에 생크림과 설탕(1큰술)을 넣고 단단한 뿔이 생길 때까지 거품기로 한쪽 방향으로 젓는다.

6 식힌 그레페 중앙에 생크림을 바른 다음 딸기를 올려 돌돌 만다. 같은 방법으로 3~4개 더 만든다. ★ 돌돌 마는 방법이 어려울 경우 크레페 전체에 생크림을 골고루 펴 바른후 8~10등분한 딸기를 올려 반으로 접어도 좋다.

⏰ 15~20분 | 🍽 2인분
210kcal

- 달걀 3개
- 감자 1/3개(70g)
- 베이컨 2줄(28g)
- 소금 1/4작은술
- 후춧가루 약간
- 식용유 1큰술

맛과 영양으로 속을 꽉 채운
감자 베이컨 오믈렛

01 감자는 0.3cm 두께로 채 썬 다음 체에 밭쳐 흐르는 물에 헹군 후 물기를 뺀다.
    베이컨은 사방 0.5cm 크기로 썬다.

02 볼에 달걀, 소금, 후춧가루를 넣어 골고루 푼다.

03 작은 팬을 달군 후 식용유(1/2큰술)를 두르고 감자와 베이컨을 넣어 중간 불에서 1분간
    볶은 후 후춧가루를 넣고 섞어 접시에 덜어둔다.

04 ③의 팬을 씻은 후 물기를 제거하고 약한 불로 달군다. 식용유(1/2큰술)를 두르고
    키친타월로 펴 바른 후 ②의 달걀물을 붓고 젓가락으로 저어가며 30초간 익힌다.

05 달걀이 반 정도 익으면 ③을 얹고 반으로 접어 1분간 더 굽는다.
    ★ 기호에 따라 달걀 익히는 시간을 가감한다.

⏰ 15~20분 | 🍽 2인분
259kcal

- 달걀 3개
- 방울토마토 3개(45g)
- 양파 1/8개(25g)
- 베이컨 2줄(28g)
- 슈레드 피자치즈 2큰술(14g)
- 토마토케첩 1큰술
- 소금 1/3작은술
- 후춧가루 약간
- 식용유 1작은술

요구르트 소스
- 떠먹는 플레인 요구르트
  1통(85g)
- 오렌지주스 1큰술
- 설탕 1큰술
- 레몬즙 1작은술
  (또는 식초 1/3작은술)
- 마요네즈 1작은술

요구르트 소스를 곁들여 입맛을 돋우는
토마토 소스 오믈렛

01 방울토마토는 열십(+)자로 4등분하고, 양파, 베이컨은 0.5cm 두께로 썬다.

02 볼에 달걀, 소금을 넣고 골고루 푼다. 다른 볼에 요구르트 소스 재료를 넣고 섞는다.

03 작은 팬을 달군 후 베이컨과 양파를 넣고 센 불에서 30초간 볶은 후
　　방울토마토를 넣고 30초간 더 볶는다.

04 토마토케첩과 후춧가루를 넣고 약한 불로 줄여 1분, 피자치즈를 넣고 30초간 더 볶아
　　접시에 덜어눈다.

05 ③의 팬을 씻은 후 물기를 제거하고 약한 불로 달군다. 식용유를 두르고
　　키친타월로 펴 바른 후 달걀물을 붓고 젓가락으로 저어가며 30초간 익힌다.

06 달걀이 반 정도 익으면 ③을 얹고 반으로 접어 1분간 더 굽는다.
　　접시에 담고 요구르트 소스를 곁들인다. ★ 기호에 따라 어린잎 채소, 과일을 곁들여도 좋다.
　　기호에 따라 달걀 익히는 시간을 가감한다.

⏰ 20~25분 | 🍴 2인분
360kcal

- 달걀 3개
- 알감자 5개(100g)
- 베이컨 3과 1/2줄(50g)
- 우유 1/2컵(100㎖)
- 소금 1/2작은술
  (베이컨 염도에 따라 가감)
- 식용유 1작은술
- 후춧가루 약간

Tip 일반 감자로 만들기

감자 1/2개(100g)는 껍질을 벗겨 사방 2cm 크기로 썬다. 냄비에 감자와 감자가 잠길 정도의 물을 붓고 센 불에서 끓어오르면 중간 불로 줄여 5분간 삶은 후 체에 밭쳐 물기를 뺀다. ⑤번 과정에서 알감자 대신 넣어 완성한다.

주말에 즐기면 좋은 브런치 메뉴!
베이컨 알감자 프리타타

01 알감자는 깨끗하게 씻은 후 4~6등분한 후 냄비에 알감자와 물(2컵)을 붓고 센 불에서 끓어오르면 중간 불로 줄여 5~7분간 삶은 후 체에 밭쳐 물기를 뺀다.

02 베이컨은 1cm 두께로 썬다.

03 볼에 달걀, 우유, 소금을 넣고 골고루 푼 후 베이컨을 넣고 섞는다.

04 작은 팬을 달군 후 식용유를 두르고 ③의 달걀물을 부어 젓가락으로 저어가며 중약 불에서 1분 20초~1분 30초간 익힌다.

05 ④의 팬에 알감자를 넣은 후 뚜껑을 덮고 아주 약한 불로 줄여 5분 30초간 익힌다.

06 불을 끄고 1분간 그대로 두어 뜸을 들인 후 뚜껑을 열고 후춧가루를 뿌린다.
★ 윗면은 살짝 반숙으로 익혀 부드럽게 즐긴다. 반숙이 싫다면 뒤집어 1분 더 익힌다.

우리 가족에게 간식이란?

"어떤 것을 만들어야 하나
늘 고민을 하게 하는 것,
하지만 사랑하는 아이들을 위해서는 언제든지
기쁜 마음으로 하는 숙제지요."

– 김지숙 독자님

떡볶이

떡

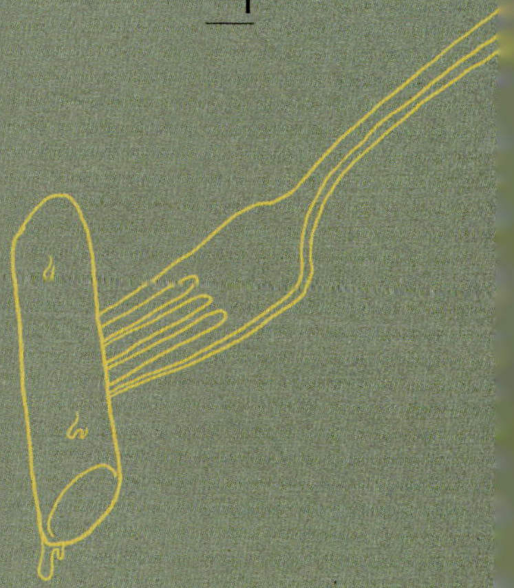

⏰ 20~25분 | 🥘 2~3인분
320kcal

- 떡볶이 떡 1과 1/3컵(또는 모양 떡, 200g)
- 호두 3큰술(30g)
- 잔멸치 1큰술(5g)
- 브로콜리 1/6개(50g)
- 양파 1/8개(25g)
- 식용유 1작은술

양념
- 물 2와 1/2큰술
- 양조간장 1과 1/3큰술
- 통깨 1/2작은술
- 설탕 1작은술
- 다진 마늘 1/2작은술
- 맛술 1작은술
- 참기름 1작은술

성장기 아이들의 칼슘 섭취를 위한

잔멸치 간장떡볶이

01 양파는 사방 2cm 크기로 썰고, 브로콜리는 한입 크기로 썬다.
호두는 키친타월 위에 올려 굵게 다진다.

02 떡볶이 떡은 체에 밭쳐 흐르는 물에 헹군 후 물기를 뺀다.
★ 떡이 딱딱할 경우 끓는 물(3컵)에 넣어 1분간 데친다.

03 작은 볼에 양념 재료를 넣어 골고루 섞는다.

04 달군 팬에 식용유를 두르고 양파를 넣어 중간 불에서 30초간 볶은 후
브로콜리와 잔멸치를 넣어 30초간 볶는다.

05 떡과 양념을 넣고 중약 불로 줄여 3분간 저어가며 볶은 다음 불을 끈다.
그릇에 담고 다진 호두를 뿌린다.

⏰ 15~20분 | 🍽 2~3인분
348kcal

- 떡볶이 떡 1과 1/3컵(200g)
- 통조림 네모 참치 1캔(160g)
- 피망 1개(100g)
- 양파 1/4개(50g)
- 다진 마늘 1작은술
- 식용유 1큰술
- 통깨 약간(생략 가능)

양념
- 양조간장 1큰술
- 설탕 1작은술
- 참기름 1작은술

〰〰〰
Tip 일반 통조림 참치로 만들기
통조림 참치 1캔(작은 것, 100g)은
체에 밭쳐 기름기를 뺀 후 동일하게
사용한다.

밥과 함께 먹어도 잘 어울리는
참치 궁중떡볶이

<u>01</u> 네모 참치는 체에 밭쳐 물기를 빼고, 피망과 양파는 0.5cm 두께로 채 썬다.

<u>02</u> 떡볶이 떡은 체에 밭쳐 흐르는 물에 헹군 후 물기를 뺀다.
   ★ 떡이 딱딱할 경우 끓는 물(3컵)에 넣어 1분간 데친다.

<u>03</u> 달군 팬에 식용유를 두르고 양파와 다진 마늘을 넣어 중간 불에서 1분간 볶는다.

<u>04</u> 떡볶이 떡과 양념 재료를 넣고 2분간 더 볶는다.

<u>05</u> 피망과 네모 참치를 넣고 30초간 더 볶은 후 통깨를 뿌린다.

멸치 국물로 만들어 깔끔한 감칠맛이 좋은
국물떡볶이 hot 🌶

⏱ 30~35분 | 🍽 2~3인분
379kcal

- 떡볶이 떡 1과 1/3컵(200g)
- 양배추 3장(손바닥 크기, 90g)
- 사각 어묵 2장(100g)
- 대파 15cm 2대
- 달걀 2개

양념
- 고춧가루 3큰술
- 고추장 1큰술
- 올리고당 2큰술
- 소금 3/4작은술
- 다진 마늘 2작은술
- 멸치액젓 1작은술

국물
- 국물용 멸치 20마리(20g)
- 다시마 5×5cm 2장
- 물 5컵(1ℓ)

냄비에 국물 재료를 모두 담고 센 불에서 끓어오르면 중약 불로 줄여 5분간 끓인 후 다시마를 건져내고, 10분간 더 끓인 다음 멸치를 건져낸다. 완성량은 3과 3/4컵(750㎖)이며 부족하면 물을 더한다.

냄비에 달걀, 소금(1작은술), 달걀이 잠길 만큼의 물을 붓고 센 불에서 끓어오르면 중간 불로 줄여 12분간 삶아 찬물에 식힌다.

양배추는 1×5cm 크기로 썰고, 대파는 0.5cm 두께로 어슷 썬다. 어묵은 열십(+)자로 썬 후 삼각형으로 2등분한다. 볼에 모든 양념 재료를 골고루 섞는다.

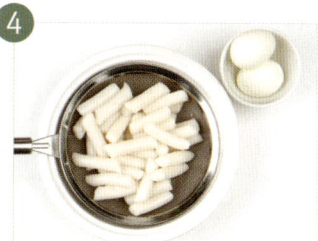

떡볶이 떡은 체에 밭쳐 흐르는 물에 헹군 후 물기를 뺀다. 삶은 달걀은 껍질을 벗긴다.

①의 냄비에 양념을 넣고 푼 후 센 불에서 끓어오르면 떡볶이 떡을 넣고 중간 불로 줄여 2분간 끓인다. 양배추, 어묵을 넣고 7분간 더 끓인다.

삶은 달걀, 대파를 넣고 30초간 끓인 후 불을 끈다.

매콤한 빨간 떡볶이 대신 생크림과 우유를 넣어 부드럽게 만든
고추장 크림떡볶이

⏰ 40~45분 | 🍽 2~3인분
586kcal

- 떡볶이 떡 1과 1/3컵(200g)
- 냉동 생새우살 5~6마리
  (킹사이즈, 100g)
- 양송이버섯 5개(100g)
- 양파 1/4개(50g)
- 대파(흰 부분) 15cm
- 깻잎 7장(14g, 기호에 따라 가감)
- 다진 마늘 1/2큰술
- 청주 1큰술
- 식용유 1큰술
- 소금 1/3작은술(기호에 따라 가감)

고추장 크림 소스
- 고춧가루 1큰술
- 설탕 1작은술
- 고추장 2작은술
- 우유 3/4컵(150㎖)
- 생크림 3/4컵(150㎖)

1
냉동 생새우살은 물(2컵)에 10분간 담가 해동한 후 체에 밭쳐 흐르는 물에 헹궈 물기를 뺀다. 볼에 고추장 크림 소스 재료를 넣어 골고루 섞는다.

2
양송이버섯은 밑동을 제거한 후 열십(+)자로 썰고, 양파는 사방 2cm 크기로 썬다. 대파는 어슷 썰고, 깻잎은 길게 반을 썬 후 0.5cm 두께로 채 썬다.

3
떡볶이 떡은 체에 밭쳐 흐르는 물에 헹군 후 물기를 뺀다.

4
깊은 팬을 달군 후 식용유를 두르고 다진 마늘과 대파, 양송이버섯, 양파를 넣어 중간 불에서 2분간 볶는다.

5
새우살을 넣고 1분간 볶은 후 청주를 넣고 센 불로 올려 30초간 더 볶는다.

6
①의 고추장 크림 소스와 떡볶이 떡을 넣고 센 불에서 바글바글 끓어오르면 중약 불로 줄여 주걱으로 저어가며 7~8분간 끓인다. 불을 끄고 깻잎, 소금을 넣어 섞는다.

⏱ 25~30분 | 🍲 2~3인분
384kcal

- 떡볶이 떡 1과 1/3컵(200g)
- 피망 1/2개(50g)
- 양파 1/4개(50g)
- 베이컨 2줄(28g)
- 슬라이스 치즈 1장
- 식용유 1작은술

카레 크림 소스
- 카레가루 5큰술
- 우유 1컵(200㎖)
- 물 1/2컵(100㎖)

치즈를 넣어 진한 풍미를 더한
카레 치즈떡볶이

01 양파는 1cm 두께로 채 썬다. 피망은 반을 갈라 꼭지를 떼고 씨를 제거한 후
 양파와 같은 크기로 썬다. 베이컨은 1cm 두께로 썬다.

02 떡볶이 떡은 체에 밭쳐 흐르는 물에 헹군 후 물기를 뺀다.
 볼에 카레 크림 소스 재료를 넣어 골고루 섞는다.

03 깊은 팬을 달궈 식용유를 두르고 베이컨, 양파를 넣어 중약 불에서 1분간 볶는다.

04 떡볶이 떡, ②의 카레 크림소스를 넣고 센 불로 올려 끓어오르면 중약 불로 줄여
 4분간 저어가며 끓인다.

05 피망을 넣고 1분간 더 끓인 후 불을 끄고 슬라이스 치즈를 넣어 골고루 섞는다.

⏱ 35~40분 🍽 2~3인분
308kcal

- 떡볶이 떡 1과 1/3컵(200g)
- 냉동 생새우살 약 10~12마리
  (킹사이즈, 200g)
- 대파(흰 부분) 15cm 2대

양념
- 토마토케첩 3큰술
- 올리고당 1/2큰술
- 다진 마늘 2작은술
- 양조간장 1과 1/2작은술
- 고추장 1작은술
- 참기름 1/2작은술
- 후춧가루 약간
- 물 1/2컵(100㎖)

맵지 않아 아이 간식으로 안성맞춤
새우 케첩떡볶이

01 냉동 생새우살은 물(2컵)에 10분간 담가 해동한 후 체에 받쳐
    흐르는 물에 헹궈 물기를 뺀다.

02 떡은 어슷하게 3등분하고, 대파는 5cm 길이로 썬 후 길이대로 4등분한다.
    큰 볼에 양념 재료를 넣어 섞는다. ★ 크기가 작은 떡은 썰지 않고 바로 사용한다.

03 떡볶이 떡은 체에 받쳐 흐르는 물에 헹군 후 물기를 뺀다.
    ②의 양념에 떡을 넣고 버무려 15분간 재운다.

04 깊은 팬에 ③을 넣어 뚜껑을 덮고 중간 불에서 3분간 끓인다.
    ★ 중간에 떡이 눌어붙지 않도록 저어준다.

05 새우를 넣고 뚜껑을 연 채 1분 30초간 볶은 후 대파를 넣고 1분간 더 볶는다.

⏰ 15~20분 | 🍽 2~3인분
326kcal

- 떡볶이 떡 1과 1/3컵(200g)
- 느타리버섯 2줌(100g)
- 양송이버섯 5개(100g)
- 양파 1/2개(100g)
- 마늘 2쪽(10g)
- 쪽파 1줄기(10g, 생략 가능)
- 달지 않은 두유 1컵(또는 생크림, 200㎖)
- 식용유 1큰술
- 굴소스 2작은술(또는 양조간장 1과 1/2작은술 + 설탕 1/3작은술)
- 양조간장 1/2작은술
- 후춧가루 약간

웰빙 떡볶이의 탄생
두유 버섯떡볶이

01 느타리버섯은 밑동을 제거하고 가닥가닥 찢는다. 양송이버섯은 밑동을 제거하고 모양대로 1cm 두께로 썬다.

02 양파는 1cm 두께로 채 썰고 마늘은 편 썬다. 쪽파는 송송 썬다.

03 떡볶이 떡은 체에 받쳐 흐르는 물에 헹군 후 물기를 뺀다.

04 달군 팬에 식용유를 두르고 양파와 마늘을 넣어 중간 불에서 30초, 느타리버섯, 양송이버섯, 떡볶이 떡, 굴소스를 넣고 센 불로 올려 1분 30초간 볶는다.

05 두유를 붓고 바글바글 끓어오르면 중간 불로 줄여 3분간 저어가며 끓인다. 양조간장과 후춧가루를 넣고 30초간 더 끓인다.

06 그릇에 담고 쪽파를 뿌린다.

⏰ 15~20분 | 🍽 2~3인분
426kcal

- 떡볶이 떡 10개
- 시판 냉동 물만두 10개(87g)
- 대파(흰 부분) 15cm
- 양파 1/4개(50g)
- 당근 1/7개(30g)
- 양배추 2장(손바닥 크기,60g)
- 사각 어묵 1장(50g)
- 식용유 2큰술

양념
- 물 4큰술
- 올리고당 1큰술
- 고추장 1큰술
- 설탕 2작은술
- 다진 마늘 2작은술
- 양조간장 2작은술
- 토마토케첩 2작은술

구운 만두를 넣어 더욱 푸짐하게 즐기는
만두떡볶이

01 당근은 0.5cm 두께의 반달 모양으로 썰고, 대파는 어슷 썬다.
양파는 사방 2cm 크기로 썬다.

02 양배추는 한입 크기로 썰고, 떡볶이 떡은 1/2등분한다.
어묵은 길게 반을 썬 후 1cm 두께로 썬다.

03 떡볶이 떡은 체에 밭쳐 흐르는 물에 헹군 후 물기를 뺀다. 볼에 양념 재료를 넣어
곧고루 섞는다. ★ 떡이 딱딱할경우 끓는 물 (3컵)에 1분간 데친다.

04 달군 팬에 식용유(1큰술)를 두르고 만두를 넣어 중약 불에서 노릇하게
앞뒤로 각각 2분씩 구워 덜어둔다.

05 ④의 팬을 키친타월로 닦은 후 다시 달궈 식용유(1큰술)를 두르고 떡볶이 떡, 양파, 당근,
양배추를 넣어 중간 불에서 1분간 볶는다.

06 양념과 어묵을 넣고 1분, 만두와 대파를 넣고 1분간 더 볶는다.

⏰ 25~30분 | 🍽 2~3인분
294kcal

- 조랭이 떡 1과 1/3컵(또는 떡볶이
  떡, 떡국 떡, 200g)
- 통조림 골뱅이 1캔(235g)
- 대파(흰 부분) 15cm
- 청양고추 1개(생략 가능)
- 깻잎 5장(10g)

양념
- 고춧가루 2큰술
- 설탕 1과 1/2큰술
- 고추장 1과 1/2큰술
- 다진 마늘 1작은술
- 양조간장 2작은술
- 물 1과 1/2컵(300㎖)

매콤한 양념이 술안주로 안성맞춤!
골뱅이떡볶이 hot 🌶

01 골뱅이는 체에 밭쳐 흐르는 물에 헹군 후 물기를 빼고 후 크기가 큰 것은 2등분한다.

02 대파, 청양고추는 0.5cm 두께로 어슷 썰고, 깻잎은 돌돌 말아 가늘게 채 썬다.

03 볼에 양념 재료를 넣고 섞는다.

04 떡볶이 떡은 체에 밭쳐 흐르는 물에 헹군 후 물기를 뺀다.

05 깊은 팬에 ③의 양념을 넣고 센 불에서 끓어오르면 떡을 넣고 중간 불로 줄여
    5분간 저어가며 끓인다.

06 골뱅이, 대파, 청양고추를 넣고 1분간 저어가며 끓인 후 불을 끄고 깻잎을 넣어 섞는다.
    ★ 아이와 함께 먹을 때는 청양고추를 생략한다.

⏰ 20~25분 | 🍴 2~3인분
314kcal

- 떡볶이 떡 1과 1/3컵(200g)
- 익은 배추김치 1컵(150g)
- 사각 어묵 1장(50g)
- 대파(흰 부분) 15cm
- 깻잎 6장(12g)
- 물 1과 1/2컵(300㎖)
- 참기름 2작은술
- 식용유

양념
- 굴소스 1큰술(또는 양조간장
  2와 1/2작은술 + 설탕 1/2작은술)
- 올리고당 2큰술
- 고추장 2큰술
- 다진 마늘 1작은술

국물에 밥을 볶아 먹어도 별미인
김치떡볶이 hot 🌶

01 대파는 어슷 썰고, 깻잎은 돌돌 말아 0.7cm 두께로 채 썬다.

02 김치는 1cm 두께로 썰고, 어묵은 1.5×5cm 크기로 썬다.

03 볼에 양념 재료를 넣고 골고루 섞는다.

04 깊은 팬을 달궈 식용유를 두르고 김치를 넣어 중간 불에서 1분 30초간 볶는다.

05 양념, 떡볶이 떡, 어묵, 물(1과 1/2컵)을 넣고 센 불에서 끓어오르면 중간 불로 줄여 4분간 더 끓인 후 대파를 넣어 1분간 더 끓인다.

06 불을 끄고 깻잎을 넣어 버무린다.

⏰ 15~20분 | 🍽 2~3인분
285kcal

- 모양 떡(또는 떡볶이 떡)
  1과 1/3컵(200g)
- 사과 1/2개(100g)
- 아몬드 슬라이스 2큰술(10g)
- 말린 블루베리 1큰술
  (또는 말린 크랜베리, 10g)
- 꿀 1큰술(또는 올리고당)

양념
- 양조간장 1작은술
- 식용유 2작은술

사과와 떡을 꿀에 조려 만든 맛탕 스타일의
달콤한 사과떡볶음

01 냄비에 떡 데칠 물(3컵)을 끓인다. 사과는 씨 부분을 제거하고
   껍질째 사방 2cm 크기로 썬다.

02 ①의 끓는 물에 떡을 넣고 1분간 데친 후 체에 밭쳐 찬물에 헹군 후 물기를 뺀다.

03 볼에 양념 재료를 넣어 섞은 후 떡을 넣고 버무린다.

04 달군 팬에 ③을 넣어 약한 불에서 2분간 볶은 후 접시에 덜어둔다.

05 ④의 팬에 사과와 꿀을 넣어 중간 불에서 2분간 볶는다.

06 ⑤에 ④를 넣고 센 불로 올려 30초간 볶는다.
   접시에 담고 아몬드 슬라이스, 말린 블루베리를 뿌린다.

⏱ 20~25분 | 🍽 2~3인분
332kcal

- 가래떡(10cm) 2와 1/2줄
  (또는 떡볶이 떡, 절편 등,
  200g)
- 단호박 1/2개(중간 크기, 200g,
  씨 빼고 170g)
- 식용유 2큰술(또는 포도씨유)

양념
- 설탕 2큰술
- 올리고당 2큰술
- 식용유 1큰술(또는 포도씨유)
- 양조간장 1/2작은술

Tip 색다르게 즐기기
기호에 따라 단호박을 동량의
고구마(1개, 200g)로 대체해도
좋다.

단호박의 부드러움과 떡의 쫄깃함이 잘 어울리는
단호박 떡범벅

01 찜기의 1/2지점까지 물을 붓고뚜껑을 덮어 센 불에서 끓인다.
작은 볼에 양념 재료를 섞는다.

02 김이 오른 찜기에 단호박의 속이 바닥에 닿도록 올리고 뚜껑을 덮어 5분간 익힌다.

03 단호박은 한 김 식힌 후 숟가락으로 씨와 섬유질을 긁어낸다.

04 단호박은 껍질째 사방 2cm 크기로 썰고, 가래떡은 1cm 두께로 썬다.
★ 가래떡이 딱딱할 경우 끓는 물에 1분간 데친 후 찬물에 헹궈 체에 밭쳐 물기를 빼고
사용한다.

05 달군 팬에 식용유를 두르고 단호박을 넣어 중간 불에서 2분간, 가래떡을 넣어
2분간 더 볶는다.

06 ①의 양념을 넣고 약한 불로 줄여 1분간 골고루 버무려가며 볶는다.

⏰ 20~25분 | 🍽 2인분
424kcal

- 인절미 10개(3×4cm 크기, 250g)
- 다진 견과류 2큰술(20g)
- 꿀 약간(또는 올리고당)

고구마 소
- 고구마 1/2개(100g)
- 계핏가루 1/2큰술(또는 코코아가루)
- 우유 3큰술
- 소금 약간
- 꿀 2작은술(또는 올리고당)

냉동실에 있는 인절미의 근사한 변신
고구마 인절미샌드

<u>01</u> 고구마는 껍질을 벗기고 사방 2cm 크기로 썬다. 냄비에 고구마, 물(1컵)을 붓고
센 불에서 끓어오르면 중간 불로 줄여 5분간 삶은 후 체에 밭쳐 물기를 뺀다.

<u>02</u> 볼에 고구마를 넣어 으깬 후 나머지 고구마 소 재료를 넣어 골고루 섞는다.

<u>03</u> 인절미는 끝 부분의 0.5cm를 남기고 중앙에 칼집을 낸다. 자른 면이 윗쪽으로 오도록
인절미를 펼친다.

<u>04</u> ③위에 ②의 1/5분량을 올리고, 그 위에 다른 인절미를 올린다. 같은 방법으로 4개 더 만든다.

<u>05</u> 달군 팬에 기름을 두르지 않은 채 ④를 올려 약한 불에서 앞뒤로 각각 1분 30초씩 굽는다.
★ 고소한 맛을 원할 때는 식용유 1과 1/2큰술을 넣어 굽는다.

<u>06</u> 인절미가 노릇하게 구워지면 접시에 담고 꿀과 다진 견과류를 뿌린다.

⏰ 30~35분 | 🍽 2인분
299kcal

• 시판 찹쌀가루 1컵(130g)
• 소금 1/4작은술
• 뜨거운 물 6큰술

유자 소스
• 유자청 3큰술
• 생수 3큰술
• 말린 대추 3개(6g)
• 잣 1큰술

상큼한 유자 소스에 버무려 달콤하게 즐기는
유자향의 찹쌀경단

<u>01</u> 냄비에 경단 데칠 물(5컵)을 끓인다. 대추는 돌려 깎아 씨를 제거하고 가늘게 채 썰어
　　나머지 유자 소스 재료와 골고루 섞는다.

<u>02</u> 볼에 찹쌀가루, 소금을 넣어 골고루 섞는다. 뜨거운 물을 1큰술씩 넣어 가며 익반죽한다.
　　표면이 매끈해질 때까지 3~4분간 반죽한 후 지름 2cm 크기로 동글게 빚는다.
　　★ 뜨거우니 숟가락으로 먼저 섞는다. 찹쌀가루에 따라 수분 함량이 다르므로
　　귓불처럼 말랑한 정도가 될 때까지 물의 양을 조절하며 반죽한다.

<u>03</u> ①의 끓는 물에 ②를 넣고 센 불에서 5분간 익힌다. 경단이 떠오르면 체에 밭쳐
　　찬물에 헹군 후 물기를 뺀다.

<u>04</u> 유자 소스에 ③을 넣고 버무린다.

⏱ 20~25분(+ 옥수수 삶기 30~40분)
🍽 2인분 | 645kcal

- 옥수수 1개(작은 것, 150g)
- 시판 찹쌀가루 3/4컵(98g)
- 시판 멥쌀가루 1/4컵(32g)
- 설탕 1작은술
- 소금 2/3작은술
- 뜨거운 물 6큰술
- 꿀 2큰술(기호에 따라 가감)

옥수수 삶는 물
- 물 4컵(800㎖)
- 소금 1작은술
- 설탕 1작은술

옥수수를 넣어 씹는 맛과 영양을 살린

옥수수경단

01 냄비에 옥수수와 옥수수 삶는 물을 넣고 센 불에서 바글바글 끓어오르면 약한 불로 줄여
    뚜껑을 덮고 30~40분간 삶는다. ★ 옥수수알이 손으로 쉽게 뭉개질 때까지 삶는다.

02 냄비에 경단 데칠 물(5컵)을 끓인다. 칼로 옥수수알만 썰어낸다.

03 볼에 찹쌀가루, 멥쌀가루, 설탕, 소금을 넣어 골고루 섞는다.
    뜨거운 물을 1큰술씩 넣어가며 익반죽한 후 옥수수를 넣어 섞는다.
    ★ 뜨거우니 숟가락으로 먼저 섞는다. 찹쌀가루에 따라 수분 함량이 다르므로
    귓불처럼 말랑한 정도가 될 때까지 물의 양을 조절하며 반죽한다.

04 표면이 매끈해질 때까지 3~4분간 반죽한 후 ③을 지름 2cm 크기로 둥글게 빚는다.

05 ②의 끓는 물에 ④를 넣어 센 불에서 5분간 익힌다. 경단이 떠오르면 2분간 더 익힌 후
    체에 밭쳐 찬물에 헹군 후 물기를 뺀다.

06 ⑤를 그릇에 담고 꿀을 뿌려 버무린다.

🍽 2인분 | 560kcal

- 시판 찹쌀가루 1컵(130g)
- 건포도 2큰술(또는 말린 크랜베리, 20g)
- 아몬드 1큰술
- 꿀 1작은술
- 소금 1/4작은술
- 뜨거운 물 6큰술
- 가당 코코아가루 3큰술

건포도와 아몬드로 고소하게 속을 채운
코코아경단

01 냄비에 경단 데칠 물(5컵)을 끓인다. 건포도와 아몬드는 잘게 다져
볼에 담고 꿀을 넣어 골고루 섞는다.

02 볼에 찹쌀가루, 소금 넣어 골고루 섞는다. 뜨거운 물을 1큰술씩 넣어가며 익반죽한다.
★ 뜨거우니 숟가락으로 먼저 섞는다. 찹쌀가루에 따라 수분 함량이 다르므로
귓불처럼 말랑한 정도가 될 때까지 물의 양을 조절하며 반죽한다.

03 표면이 매끈해질 때까지 3~4분간 반죽한 후 ②를 지름 2.5cm로 둥글게 빚어
가운데에 홈을 낸 후 ①을 1작은술씩 넣고 다시 동그랗게 빚는다.

04 ①의 끓는 물에 ③을 넣고 센 불에서 5분간 익힌다.
경단이 떠오르면 체에 밭쳐 찬물에 헹군 후 물기를 뺀다.

05 넓은 접시에 코코아가루를 펼쳐 담고 ④를 굴려가며 골고루 묻힌다.

곱게 간 감자와 찹쌀가루로 쉽고 간단하게 만든 홈메이드 떡

찹쌀 감자떡

⏰ 50~55분 | 🍽 2인분
408kcal

• 감자 2개(400g)
• 시판 찹쌀가루 2큰술
• 소금 1/2작은술
• 검은깨 1작은술
• 황설탕 1작은술(또는 설탕)
• 참기름 1/2작은술

1

감자는 껍질을 벗기고 큼직하게 썰어
푸드프로세서에 넣고 곱게 간다.
찜기의 1/2지점까지 물을 붓고 뚜껑을
덮어 센 불에서 끓인다. ★ 푸드프로세서가
없다면 강판에 갈아도 된다.

2

체에 젖은 면보를 올리고 ①의 감자를
부어 물기를 꼭 짠 다음 물은 20분간
가만히 둔다. 윗물을 천천히 따라 버려
가라앉은 전분을 분리한다.

3

볼에 면보의 감자 건지와 가라앉은 전분,
찹쌀가루, 소금을 넣고 골고루 섞는다.
다른 볼에 검은깨와 황설탕을 넣고 섞어
소를 만든다. ★ 검은깨 대신 맛밤이나
말린 블루베리를 준비해도 좋다.

4

반죽을 8등분하여 둥글게 빚고
가운데를 손으로 꾹 눌러 홈을 판 다음
③의 소 1작은술을 넣고 동그랗게 빚는다.
★ 기호에 따라 맛밤 1알, 또는 말린
블루베리 1작은술씩 넣는다.

5

김이 오른 찜기에 젖은 면보를 깔고 ④를
올려 중간 불에서 20분간 찐 후 그릇에
담고 참기름을 바른다. ★ 떡이 뜨거울 때
숟가락에 찬물을 묻혀 떡을 떠서 그릇에
담은 후 참기름을 바르면 떡끼리 달라붙지
않는다.

⏱ 15~20분 | 🍽 2인분
250kcal

- 시판 찹쌀가루 2/3컵(87g)
- 말린 대추 6개(12g)
- 소금 1/3작은술
- 뜨거운 물 4큰술
- 호박씨 1큰술(또는
  다진 견과류)
- 식용유 2큰술

대추의 단맛을 살린 쫀득한 식감의 일품 간식

대추 찹쌀전

<u>01</u> 대추는 돌려 깎아 씨를 제거한다.

<u>02</u> ①의 대추는 밀대로 민 후 0.3cm 두께로 채 썬다.

<u>03</u> 볼에 찹쌀가루, 소금을 넣고 골고루 섞은 후 뜨거운 물을 1큰술씩 넣어가며 익반죽한다.
　★ 뜨거우니 숟가락으로 먼저 섞는다. 찹쌀가루에 따라 수분 함량이 다르므로
　귓불처럼 말랑한 정도가 될 때까지 물의 양을 조절하며 반죽한다.

<u>04</u> ③의 볼에 대추와 호박씨를 넣어 골고루 섞고 표면이 매끈해질 때까지 3~4분간 반죽한다.

<u>05</u> ④의 반죽을 10등분한 후 지름 4cm, 두께 0.5cm의 동글납작한 모양으로 빚는다.

<u>06</u> 달군 팬에 식용유를 두르고 ⑤를 올려 약한 불에서 2분, 뒤집어서 1분 30초간 굽는다.

⏰ 25~30분 | 🍽 2인분
132kcal/개

• 사과 1/4개(50g)
• 말린 대추 3개(6g)
• 잣 1큰술(또는 다진 땅콩,
  다진 아몬드, 10g)
• 설탕 1큰술
• 버터 1/2큰술
• 식용유 1큰술

반죽
• 시판 찹쌀가루 1컵(130g)
• 설탕 1큰술
• 검은깨 1작은술
• 소금 1/4작은술
• 뜨거운 물 7큰술

Tip 색다르게 즐기기
맛밤 1봉(80g)을 사방 0.5cm
크기로 썰어 올리고당 1큰술과
섞는다. 과정 ⑥에서
사과조림 대신 맛밤 1큰술을
넣고 부꾸미를 만든다.

담백한 부꾸미 속 달콤한 사과조림이 쏙~
사과조림 부꾸미

01 대추는 돌려 깎아 씨를 제거하고 가늘게 채 썬다.
사과는 깨끗이 씻은 후 껍질을 벗기지 않고 사방 0.5cm 크기로 다진다.

02 달군 냄비에 버터를 두르고 사과, 대추, 잣, 설탕을 넣어 중약 불에서
수분이 없어질 때까지 2분간 볶아 한 김 식힌다.

03 볼에 찹쌀가루, 설탕, 검은깨, 소금을 넣고 뜨거운 물을 1큰술씩 넣어가며 익반죽한다.
표면이 매끈해질 때까지 3~4분간 반죽한다. ★ 찹쌀가루에 따라 수분 함량이 다르므로
귓불처럼 말랑한 정도가 될 때까지 물의 양을 조절하며 반죽한다.

04 ③의 반죽을 6등분한 후 지름 10cm, 두께 0.3cm 크기로 동글납작하게 만든다.
★ 젖은 면보를 덮어두고 모양을 만들면 반죽이 마르지 않아서 좋다.

05 달군 팬에 식용유를 두르고 ④를 올려 약한 불에서 앞뒤로 각각 1분씩 노릇하게 굽는다.

06 ⑤의 반죽 가운데에 ②를 1큰술씩 올리고 반으로 접는다.
가장자리를 포크로 꾹꾹 눌러 붙인다. 같은 방법으로 5개 더 만든다.

⏰ 25~30분 | 🍽 3~4인분
119kcal/개

- 고구마 1개(200g)
- 견과류 2큰술(20g)
  (땅콩, 해바라기씨, 호박씨 등)
- 꿀 1큰술
- 소금 1/4작은술
- 녹말가루 2큰술

반죽
- 시판 찹쌀가루 1과 1/4컵(163g)
- 설탕 6큰술
- 소금 1/4작은술
- 물 3/4컵(180㎖)

미리 만들어 출근길, 등교길에 하나씩!
고구마 견과류 찹쌀떡

<u>01</u> 고구마는 껍질을 벗기고 사방 2cm 크기로 썬다. 냄비에 고구마와 고구마가 잠길 정도의
물을 붓고 센 불에서 끓어오르면 중간 불로 줄여 5분간 삶은 후 체에 밭쳐 물기를 뺀다.

<u>02</u> 땅콩과 호박씨는 키친타월 위에 올려 굵게 다진다.

<u>03</u> 볼에 고구마를 넣어 으깬 후 다진 견과류, 꿀, 소금을 넣어 골고루 섞는다.
11등분한 후 동그랗게 빚는다.

<u>04</u> 내열 용기에 반죽 재료를 담아 섞은 뒤 랩을 씌운 후 젓가락으로 구멍을 뚫는다.
전자레인지(700W)에서 2분간 익힌 후 숟가락으로 골고루 섞고 다시 랩을 씌워
2분간 더 익힌 다음 숟가락으로 골고루 섞는다.

<u>05</u> 도마에 녹말가루를 뿌리고 ④를 올려 녹말가루를 골고루 묻힌다.
한 김 식힌 후 길게 모양을 만들어 11등분(30g)한다.
★ 전자레인지에서 꺼낸 찹쌀 반죽은 많이 뜨거우니 주의한다.

<u>06</u> 찹쌀 반죽을 동그랗게 만든 후 넓게 펼쳐 소를 하나씩 넣고 감싼다.
★ 랩으로 한개씩 감싸 보관해도 좋다.

154

떡볶이 · 떡

" 가족에게 집중하게 하고
활력을 불어넣는 에너지랍니다. "

– 이인성 독자님

간단 면요리

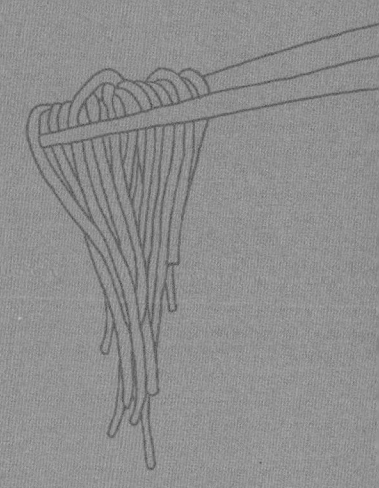

⏰ 25~30분 | 🍽 2인분
449kcal

- 소면 2줌(140g)
- 오이 1개(200g)
- 달걀 2개
- 소금 1/2큰술 + 약간
- 식용유 1큰술

양념
- 설탕 2큰술
- 다진 파 1큰술
- 다진 양파 1큰술
- 식초 2와 1/2큰술
- 양조간장 2큰술
- 통깨 1/2작은술
- 다진 마늘 1/2작은술
- 참기름 1작은술

여름에 가볍게 즐기는 초간단 한 끼
오이 달걀 비빔국수

01 냄비에 소면 삶을 물(10컵)을 끓인다. 오이는 0.3cm 두께로 썰어 볼에 담고
소금(1/2큰술)을 넣고 골고루 버무려 10분간 절인 다음 물기를 꼭 짠다.

02 볼에 달걀과 소금 약간을 넣고 골고루 푼다.

03 달군 팬에 식용유를 두르고 키친타월로 펴 바른 후 달걀물을 부어 약한 불에서 1분,
뒤집어서 30초간 익힌다. 한 김 식힌 후 돌돌 말아 0.3cm 두께로 채 썬다.

04 ③의 팬을 키친타월로 닦은 후 다시 달궈 식용유(1/2큰술)를 두르고 오이를 넣어
센 불에서 1분간 볶은 후 접시에 펼쳐 한 김 식힌다.

05 ①의 끓는 물에 소면을 펼쳐 넣고 센 불에서 3분 30초간 삶는다.
체에 밭쳐 찬물에 헹군 후 물기를 뺀다. ★ 중간에 끓어오르면 찬물을 1/2컵씩 2회 붓는다.

06 큰 볼에 양념 재료를 넣어 골고루 섞은 후 소면과 오이를 넣고 골고루 버무린다.
2개의 그릇에 나눠 담고 달걀을 올린다.

⏰ 25~30분 | 🍲 2인분
617kcal

- 라면 사리 2개
- 통조림 골뱅이 1캔(작은 것, 235g)
- 오이 1/3개(70g)
- 양파 1/8개(25g)

양념
- 설탕 1과 1/2큰술
- 식초 3큰술
- 고추장 3큰술
- 고춧가루 1/2작은술
- 다진 마늘 1/2작은술
- 양조간장 1작은술
- 참기름 1작은술
- 통깨 약간

매콤한 맛에 자꾸만 젓가락이 가는
골뱅이 비빔라면 *hot* 🌶🌶

01 냄비에 라면 사리 삶을 물(6컵)을 끓인다.
    오이는 길게 2등분한 후 0.3cm 두께로 어슷 썬다.

02 양파는 가늘게 채 썬다.

03 통조림 골뱅이는 체에 밭쳐 흐르는 물에 헹궈 그대로 물기를 뺀다.
    크기가 큰 것은 2등분한다.

04 ①의 끓는 물에 라면 사리를 넣고 3분~3분 30초간 삶은 후 체에 밭쳐
    찬물에 헹궈 물기를 뺀다.

05 큰 볼에 양념 재료를 넣어 골고루 섞은 후 오이, 양파, 골뱅이를 넣고 버무린 후
    데친 라면을 넣고 한 번 더 버무린다.

사과와 어린잎 채소, 김치를 먹음직스럽게 곁들인

김치 비빔소면 hot 🌶

⏰ 15~20분 | 🍽 2인분
427kcal

- 소면 2줌(140g)
- 익은 배추김치 1/2컵(75g)
- 사과 1/2개(100g)
- 어린잎 채소 2줌(40g)

김치 양념
- 참기름 1작은술
- 올리고당 1/2작은술
- 통깨 1/2작은술

양념
- 고춧가루 2큰술
- 다진 양파 1큰술
- 다진 마늘 1/2큰술
- 양조간장 2큰술
- 식초 2큰술
- 맛술 1큰술
- 올리고당 2와 1/2큰술
- 참기름 1큰술
- 소금 2/3작은술

냄비에 소면 삶을 물(10컵)을 끓인다.
사과는 깨끗이 씻어 씨를 제거하고
껍질째 0.3cm 두께로 채 썬 후 설탕물
(생수 1과 1/2컵 + 설탕 1큰술)에
담가둔다.

김치는 1cm 두께로 썰어 볼에 담고
김치 양념을 넣고 무친다. 다른 볼에
양념 재료를 넣고 골고루 섞는다.

①의 끓는 물에 소면을 펼쳐 넣고
센 불에서 3분 30초간 삶는다. 체에
밭쳐 찬물에 헹궈 물기를 뺀다. ★ 중간에
끓어오르면 찬물을 1/2컵씩 2회 붓는다.

볼에 소면과 양념 5큰술을 넣고 비빈 후
그릇에 나눠 담는다. 어린잎 채소, 김치,
채 썬 사과를 나눠 올린 뒤 남은 양념을
뿌린다.

⏰ **15~20분** | 🥣 **2인분**
546kcal

- 통조림 닭가슴살 1캔(큰 것, 135g)
- 쫄면 1과 2/3줌(250g)
- 치커리 8장(또는 상추, 40g)
- 오이 1/4개(50g)

양념
- 식초 3큰술
- 맛술 1/2큰술
- 양조간장 1/2큰술
- 올리고당 2큰술
- 고추장 4큰술
- 참기름 1/2큰술
- 고춧가루 1작은술
- 다진 마늘 1작은술

입맛이 없을 때 식욕을 돋워주는
매콤 닭가슴살쫄면 hot♪

01 냄비에 쫄면 삶을 물(5컵)을 끓인다. 통조림 닭가슴살은 체에 밭쳐 물기를 뺀다.

02 치커리는 체에 밭쳐 흐르는 물에 씻어 물기를 뺀 다음 한입 크기로 뜯는다.
오이는 길게 2등분한 후 0.5cm 두께로 어슷 썬다.

03 쫄면은 가닥가닥 뜯은 후 ①의 끓는 물에 넣고 센 불에서 끓어오르면
중간 불로 줄여 2~3분간 삶는다. 찬물에 비벼가며 2~3번 헹군 후 체에 밭쳐 물기를 뺀다.
★ 쫄면은 포장지에 적힌 시간대로 삶는다.

04 큰 볼에 양념 재료를 넣고 섞은 후 쫄면을 넣어 버무린다.
닭가슴살, 치커리, 오이를 넣고 가볍게 버무린다.

⏱ 25~30분(+ 당면 불리기 1시간 30분)
🍲 3~4인분 | 298kcal

- 당면 1줌(100g)
- 사각 어묵 1장(50g)
- 당근 1/4개(50g)
- 단무지 지름 5cm, 길이 7cm
  1개(50g)
- 부추 1/2줌(25g)

양념
- 고춧가루 1큰술
- 설탕 1/2큰술
- 통깨 1/2큰술
- 다진 마늘 1/2큰술
- 양조간장 1과 1/2큰술
- 맛술 1큰술
- 식초 1큰술
- 참기름 1작은술

부산 깡통시장의 명물
비빔당면

<u>01</u> 큰 볼에 당면과 잠길 만큼의 찬물을 부어 1시간~1시간 30분간 불린다.

<u>02</u> 냄비에 재료 데칠 물(8컵)을 끓인다. 어묵은 반으로 썰어 0.5cm 두께로,
당근, 단무지는 0.5×5cm 크기로 채 썬다.

<u>03</u> ②의 끓는 물에 소금(1작은술), 부추를 넣고 30초간 데친 다음 찬물에 헹궈 물기를 꼭 짜고
5cm 길이로 썬다. ★ 부추 데친 물은 버리지 말고 ④, ⑤의 과정에서 사용한다.

<u>04</u> 어묵은 체에 밭쳐 ③의 냄비의 뜨거운 물(2컵)을 끼얹는다.

<u>05</u> ③의 끓는 물에 당면을 넣어 센 불에서 3분간 삶은 후 체에 밭쳐 찬물에 헹구고 물기를 뺀다.

<u>06</u> 큰 볼에 양념 재료를 넣고 섞은 후 모든 재료를 넣고 골고루 버무린다.

이렇게 상큼해도 되나요?

메밀국수 채소샐러드

⏱ 20~25분 | 🍽 2~3인분
162kcal

• 건메밀면 1과 1/4줌
  (또는 소면, 100g)
• 양파 1/2개(100g)
• 오이 1/2개(100g)
• 파프리카 1/4개(50g)
• 깻잎 10장(20g)

양념
• 무 5×3×3cm 1토막
  (20g, 생략 가능)
• 설탕 1큰술
• 식초 2큰술
• 양조간장 2큰술
• 다진 마늘 1작은술
• 매실청 1작은술(또는 설탕)
• 연고추냉이 1/2작은술
• 참기름 1/2작은술

1 양파는 가늘게 채 썬 후 찬물에 5분간 담가 매운맛을 뺀 다음 체에 밭쳐 물기를 뺀다. 냄비에 메밀면 삶을 물(5컵)을 끓인다.

2 오이는 0.5cm 두께로 어슷 썬 후 가늘게 채 썰고, 파프리카는 0.5cm 두께로 채 썬다. 깻잎은 길이로 반을 썬 다음 1cm 두께로 썬다.

3 무는 강판에 간 후 큰 볼에 담고 나머지 양념 재료와 섞는다.

4 ①의 끓는 물에 메밀면을 부채꼴로 펼쳐 담는다.

5 포장지에 적힌 시간대로 삶는다. 이때, 중간에 물이 끓어오르면 찬물 1/2컵(100㎖)씩을 2~3회 붓는다. 삶은 메밀면은 체에 밭쳐 찬물에 비벼가며 충분히 헹군 후 그대로 물기를 뺀다.

6 ③의 볼에 메밀면, 양파, 오이, 파프리카, 깻잎을 넣고 살살 버무린다

⏰ 25~30분 │ 🍽 2인분
460kcal

- 우동면 2팩(약 400g)
- 달걀 2개
- 팽이버섯 2/3봉(100g)
- 대파(푸른 부분) 10cm

국물
- 물 5컵(1ℓ)
- 국물용 멸치 25마리(25g)
- 다시마 5×5cm 2장
- 대파(푸른 부분) 15cm 2대

양념
- 국간장 2큰술
- 맛술 1큰술
- 설탕 1작은술

간
단
면
요
리

달걀과 우동이 부드럽게 후루룩 넘어가는
달걀우동

01 냄비에 국물 재료를 넣고 센 불에서 바글바글 끓어오르면 약한 불로 줄여 5분간 끓인다.
   다시마를 건져내고 10분간 더 끓인 다음 체에 거른다. 국물의 완성량은 4컵(800㎖)이며,
   부족할 경우 물을 더한다.

02 팽이버섯은 밑동을 제거한 후 가닥가닥 뜯고, 대파는 송송 썬다.

03 작은 볼에 달걀을 푼 후 대파를 넣고 섞는다. 다른 냄비에 우동 삶을 물(5컵)을 끓인다.

04 냄비에 ①의 국물, 양념 재료를 넣고 센 불에서 저어가며 끓인다.
   끓어오르면 팽이버섯을 넣고 30초간 끓인다.

05 약한 불로 줄여 냄비의 가장자리에 달걀물을 둘러가며 붓고 중간 불로 올려 1분간 젓지 않고
   끓인 다음 불을 끈다. ★ 이때 달걀이 익을 때까지 젓지 않아야 국물이 지저분해지지 않는다.

06 ③의 끓는 물에 우동면을 넣고 끓어오르면 1분간 저어가며 삶는다. ★ 우동면을 넣은 후에는
   면이 풀어질 때까지 휘젓지 않고 가만히 두어야 면이 끊어지지 않는다.

07 우동면은 체에 받쳐 물기를 뺀 후 그릇에 담고 ⑤의 국물을 붓는다.

⏱ 25~30분 | 🍽 2~3인분
289kcal

- 소면 2줌(140g)
- 사각 어묵 2장(100g)
- 대파(흰 부분) 10cm

국물
- 물 9컵(1.8ℓ)
- 국물용 멸치 25마리(25g)
- 다시마 5×5cm 2장

부추무침
- 부추 1줌(50g)
- 고춧가루 1/2작은술
- 양조간장 2작은술
- 다진 마늘 1/2작은술
- 올리고당 1/2작은술
- 참기름 1작은술
- 통깨 약간

국물과 국수를 함께 끓여 걸쭉하게 즐기는
어묵 부추국수

<u>01</u> 냄비에 국물 재료를 넣고 센 불에서 바글바글 끓어오르면 약한 불로 줄여 5분간 끓인다.
다시마를 건져내고 10분간 더 끓인 다음 체에 거른다.
국물의 완성량은 7과 1/2컵(1.5ℓ)이며 부족할 경우 물을 더한다.

<u>02</u> 대파는 어슷 썬다. 어묵은 0.5×5cm 크기로 썬다.

<u>03</u> 부추는 3cm 길이로 썬다.

<u>04</u> 볼에 부추를 제외한 부추무침 재료를 넣고 섞은 다음 부추를 넣어 가볍게 버무린다.

<u>05</u> ①의 국물을 센 불에서 끓어오르면 소면, 어묵, 대파를 넣고 중간 불에서 3분간 끓인다.

<u>06</u> 그릇에 국수를 담고 부추무침을 곁들인다.

칼칼함을 더해 느끼하지 않은

매콤 치즈 볶음우동 hot🌶

⏰ 25~30분 | 🍽 2인분
578kcal

- 우동면 2팩(약 400g)
- 양파 1/2개(100g)
- 피망 1개(100g)
- 대파(흰 부분) 10cm
- 슈레드 피자치즈 1과 1/2컵(150g)
- 식용유 1큰술

양념
- 청양고추 1개(또는 풋고추)
- 고춧가루 2큰술
- 설탕 1/2큰술
- 다진 마늘 1/2큰술
- 양조간장 2큰술
- 맛술 1큰술
- 고추장 1큰술
- 참기름 1큰술
- 물 1/2컵(100㎖)

냄비에 우동면 삶을 물(5컵)을 끓인다. 청양고추는 잘게 다져 다른 양념 재료와 함께 섞는다.

양파는 0.5cm 두께로 채 썰고, 피망은 씨를 뺀 뒤 양파와 같은 두께로 썬다. 대파는 어슷 썬다.

①의 끓는 물에 우동면을 넣고 끓어오르면 1분간 끓인 후 체에 밭쳐 물기를 뺀다.
★ 우동면을 넣은 후에는 면이 풀어질 때까지 휘젓지 않고 가만히 두어야 면이 끊어지지 않는다.

달군 팬에 식용유를 두른 뒤 양파, 피망, 대파를 넣어 중간 불에서 1분간 볶는다.

양념을 넣어 1분간 끓인 뒤 우동면을 넣어 1분 30초간 볶은 후 불을 끈다.

피자치즈를 넣고 골고루 섞어가며 약한 불에서 1분간 볶는다.

Tip 아이용으로 만들기

매운맛을 줄여 아이들과 함께 먹으려면 설탕 1/2큰술, 다진 마늘 1/2큰술, 양조간장 2큰술, 맛술 1큰술, 굴소스 1큰술, 참기름 1큰술, 물 1/4컵(50㎖)으로 양념을 조절하도록 한다.

데친 라면에 청양고추를 넣어 칼칼하게 볶은 별미

국물 없는 꼬꼬면 hot

⏰ 15~20분 | 🍽 2인분
592kcal

• 라면 사리 2개
• 통조림 닭가슴살 1캔(큰 것, 135g)
• 부추 1줌(50g)
• 청양고추 2개(기호에 따라 가감)
• 식용유 1큰술
• 다진 마늘 1/2큰술

양념
• 물 5큰술
• 양조간장 1과 1/2큰술
• 굴소스 1작은술(또는 양조간장
  1작은술 + 설탕 약간)

1 냄비에 라면 사리 삶을 물(5컵)을 끓인다.
닭가슴살은 체에 받쳐 물기를 뺀다.
부추는 3cm 길이로 썰고, 청양고추는
송송 썬다.

2 ①의 끓는 물에 라면을 넣고 제품
포장지에 적힌 시간에서 1분 30초를
제외하고 삶는다. 찬물에 헹궈 체에 받쳐
물기를 뺀다.

3 달군 팬에 식용유를 두르고 다진 마늘,
청양고추를 넣어 중간 불에서 30초간
볶는다.

4 ③의 팬에 양념 재료를 넣어 끓어오르면
②의 라면과 닭가슴살을 넣고 1분간
볶는다.

5 ④의 팬에 부추를 넣고 20초간 볶은 후
불을 끈다.

169

Tip 생닭가슴살 이용하기
닭가슴살 캔을 이용해 간편하게
조리했으나 닭가슴살(1쪽,
100g)을 반으로 썰어 끓는 물
(물 3컵 + 소금 1작은술)에 넣고
중간 불에서 7분간 삶아
물기를 뺀 후 가늘게 찢어 ④의
과정에 넣어도 좋다.

⏱ 15~20분(+ 쌀국수 불리기 30분)
🍽 2인분 | 375kcal

- 쌀국수 110g(5mm 두께)
- 모둠 어묵 100g
  (또는 사각 어묵 2장)
- 양파 1/4개(50g)
- 쪽파 1줄기(10g, 생략 가능)
- 식용유 1큰술
- 통깨 약간

고추장 소스
- 고추장 2큰술
- 토마토케첩 2큰술
- 설탕 1작은술
- 다진 마늘 1작은술
- 후춧가루 약간
- 물 1/2컵(100㎖)

어묵과 쌀국수를 고추장 소스에 볶아 즐기는
어묵 쌀국수볶음

01 큰 볼에 쌀국수를 담고 잠기도록 찬물을 부어 30분간 불린다.
　양파는 0.3cm 두께로 채 썰고, 쪽파는 송송 썬다. 어묵은 한입 크기로 썬다.

02 냄비에 쌀국수 삶을 물(물 8컵 + 소금 1큰술)을 끓인다.
　볼에 고추장 소스 재료를 넣고 골고루 섞는다.

03 ②의 끓는 물에 쌀국수를 넣고 1분간 삶아 건져 체에 밭쳐 찬물에 헹구고 물기를 뺀다.

04 깊은 팬을 달궈 식용유를 두르고 양파, 어묵을 넣어 중간 불에서 1분간 볶는다.

05 ④의 팬에 고추장 소스를 넣고 바글바글 끓어오르면 30초간 저어가며 끓인 후
　쌀국수를 넣어 2분간 볶는다. 접시에 담고 쪽파와 통깨를 뿌린다.

❝ 입맛 없고 매일 똑같은 밥이 싫증 났을 때,
가족 별식으로 색다르게 즐기는 한 끼예요.**❞**

― 하혜정 독자님

밥과 누룽지를

이용한 간식

- 따뜻한 밥 1과 1/2공기(300g)
- 통조림 햄 1/2캔
  (작은 것,100g)
- 양파 1/4개(50g)
- 풋고추 1개
- 식용유 1/2큰술
- 검은깨 1작은술(또는 통깨)
- 참기름 1/2작은술

양념
- 양조간장 1과 1/2큰술
- 맛술 1큰술
- 물 1큰술

밥과 누룽지를 이용한 간식

간단한 재료로 휘리릭 만드는
햄 양파주먹밥

01 통조림 햄은 사방 0.5cm 크기로, 양파는 사방 0.3cm 크기로 썬다.

02 풋고추는 씨를 제거한 뒤 사방 0.3cm 크기로 썬다. 작은 볼에 양념 재료를 넣고 섞는다.

03 깊은 팬을 달궈 식용유를 두르고 양파를 넣어 중간 불에서 2분,
통조림 햄을 넣고 30초간 볶는다.

04 ②의 양념을 넣고 약한 불로 줄여 가장자리가 끓어오르면 풋고추를 넣고
1분간 저어가며 조린다.

05 큰 볼에 ④, 밥, 검은깨, 참기름을 넣고 골고루 섞어 주먹밥을 만든다.
★ 주먹밥의 모양과 크기는 취향에 따라 다양하게 만든다.

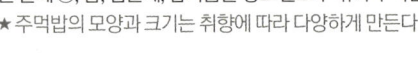

⏰ 20~25분 | 🍽 2인분
366kcal

- 따뜻한 밥 1과 1/2공기(300g)
- 시금치 2줌(100g)
- 달걀 2개
- 소금 1/2작은술
- 식용유 1큰술
- 참기름 약간

양념
- 소금 1/2작은술
- 참기름 1작은술

담백한 맛의 별미 주먹밥
시금치 달걀주먹밥

<u>01</u> 시금치는 흐르는 물에 헹궈 물기를 털어 내고 밑동을 제거한 후 1cm 두께로 썬다. 볼에 달걀과 소금을 넣어 푼다.

<u>02</u> 달군 팬에 식용유를 두르고 시금치를 넣어 중간 불에서 1분간 볶는다.

<u>03</u> ①의 달걀을 넣어 30초간 그대로 둔 다음 1분간 더 볶는다.

<u>04</u> 큰 볼에 밥과 양념을 넣어 섞은 후 ③을 넣고 골고루 섞어 주먹밥을 만든다.
　★ 주먹밥의 모양과 크기는 취향에 따라 다양하게 만든다.

밥과 누룽지를 이용한 간식

⏱ 15~20분 | 🍽 2인분
384kcal

- 따뜻한 밥 1과 1/2공기(300g)
- 슬라이스 치즈 2장
- 다진 김치 2큰술
  (속을 털어내고 물기를 꼭 짠 것)
- 달걀 1개
- 통깨 1작은술
- 소금 1/4작은술
- 참기름 2작은술
- 식용유 1과 1/3큰술
- 토마토케첩 약간(생략 가능)

김치 주먹밥에 달걀물을 묻혀 한입에 쏙~
달걀로 감싼 치치주먹밥

<u>01</u> 볼에 달걀을 풀고, 슬라이스 치즈는 껍질째 사방 0.5cm 크기로 칼집을 낸다.

<u>02</u> 달군 팬에 식용유(1/3큰술)를 두르고 다진 김치를 넣어 중약 불에서 2분간 볶는다.

<u>03</u> 큰 볼에 따뜻한 밥, 슬라이스 치즈, 볶은 김치, 통깨, 소금, 참기름을 넣어 골고루 버무린다.

<u>04</u> ③을 한입 크기로 동그랗게 빚은 뒤 달걀물을 묻힌다.

<u>05</u> 달군 팬에 식용유(1큰술)를 두르고 ④를 올려 약한 불에서 굴려가며 4분간 익힌다.
기호에 따라 토마토케첩을 곁들인다.

⏱ 25~30분 | 🍚 2인분
382kcal

- 따뜻한 밥 2공기(400g)
- 명란젓 1개(60g)
- 슬라이스 치즈 1장
- 쪽파 1줄기(또는 다진 파, 10g)
- 마요네즈 1/2큰술
- 후춧가루 약간
- 식용유 1작은술
- 참기름 1큰술
- 통깨 1작은술(기호에 따라 가감)

Tip 색다르게 즐기기

과정 ④를 생략한 후 바로
밥과 섞어 주먹밥을 만든다.
참기름을 발라 약한 불에서
앞뒤로 각각 2분씩 노릇하게
구워서 먹어도 별미다.

명란젓을 고소하게 즐길 수 있는
명란 치즈주먹밥

<u>01</u> 슬라이스 치즈는 껍질째 사방 0.5cm 크기로 칼집을 내고, 쪽파는 송송 썬다.

<u>02</u> 명란젓은 겉의 양념을 흐르는 물에 씻어내고 길게 반으로 썬 다음
칼등으로 알을 발라낸다.

<u>03</u> 볼에 ②를 담고 쪽파, 마요네즈, 후춧가루를 넣어 골고루 섞는다.

<u>04</u> 달군 팬에 식용유를 두르고 ③을 넣어 약한 불에 2분간 볶은 후 큰 볼에 담는다.

<u>05</u> ④의 볼에 따뜻한 밥, 슬라이스 치즈, 참기름, 통깨를 넣고 골고루 섞어 주먹밥을 만든다.
   ★ 주먹밥의 모양과 크기는 취향에 따라 다양하게 만든다.

- 따뜻한 밥 1과 1/2공기(300g)
- 통조림 참치 1캔(큰 것, 150g)
- 검은깨 1큰술(또는 통깨)
- 카레가루 1큰술
- 참기름 1큰술
- 소금 약간
- 식용유 1큰술

밥과 누룽지를 이용한 간식

든든한 한 끼로 거뜬한
구운 참치 카레주먹밥

01 참치는 체에 올리고 숟가락으로 눌러 기름기를 제거한다.

02 볼에 식용유를 제외한 모든 재료를 넣고 골고루 섞는다.

03 ②를 5등분한 다음 1.5cm 두께의 동글납작한 모양으로 빚는다.

04 달군 팬에 식용유를 두르고 ③을 올려 중약 불에서 3분간 구운 후
뒤집어 2분간 더 굽는다. ★ 식용유가 부족하면 더 넣어가며 굽는다.
팬의 크기에 따라 2~3회 나눠 굽는다.

⏰ 15~20분 | 🍽 2인분
498kcal

- 밥 1공기(200g)
- 잔멸치 2/3컵(40g)
- 피망 1개(100g)
- 달걀 1개
- 부침가루 5큰술(또는 밀가루)
- 물 3큰술
- 식용유 3큰술

잔멸치 양념
- 설탕 1/2큰술
- 양조간장 1/2큰술
- 맛술 1/2큰술

밥 양념
- 통깨 1작은술
- 소금 1/2작은술
- 참기름 2작은술

Tip 색다르게 즐기기

피망, 잔멸치 대신 양파, 당근,
애호박, 양배추 등 냉장고 속
남은 자투리 채소를 잘게 다져
1과 1/2컵(140~150g)을
넣는다.

냉장고 한 켠에 있던 찬밥의 재탄생
잔멸치 달걀밥전

<u>01</u> 피망은 씨를 빼고 잘게 다진다. 작은 볼에 잔멸치 양념 재료를 섞는다.

<u>02</u> 달군 팬에 식용유(1/2큰술)를 두르고 잔멸치를 넣어 약한 불에서 1분간 볶은 후
잔멸치 양념을 넣어 30초간 볶는다.

<u>03</u> 큰 볼에 밥과 밥 양념을 넣고 섞은 후 피망, 잔멸치, 달걀, 부침가루, 물을 넣고 골고루 섞는다.

<u>04</u> 달군 팬에 식용유(1큰술)를 두르고 ③을 1큰술씩 올린 후 숟가락 2개를 이용해
지름 5cm, 두께 1cm의 동글납작한 모양으로 만든다.

<u>05</u> 약한 불에서 앞뒤로 각각 1분 30초씩 노릇하게 굽는다.
★ 식용유가 부족하면 더 넣어가며 굽는다. 팬의 크기에 따라 2~3회 나눠 굽는다.

한국인은 밥심!
불고기 밥버거

178

밥과 누룽지를 이용한 간식

⏱ 30~35분 | 🍽 2인분
370kcal

- 따뜻한 밥 1공기(200g)
- 김밥 김 1장
- 다진 쇠고기 150g
- 겨자잎 2장(또는 치커리, 10g)
- 오이피클 1개(30g)
- 마요네즈 1큰술
- 식용유 1작은술

밥 양념
- 통깨 1작은술
- 소금 1/4작은술
- 참기름 1작은술

양념
- 설탕 1작은술
- 물 1작은술
- 양조간장 2작은술
- 후춧가루 약간

밑간
- 다진 양파 4큰술(40g)
- 다진 마늘 1/2큰술
- 청주 1큰술
- 소금 1/4작은술
- 후춧가루 약간

1

볼에 밥, 밥 양념 재료를 넣고
골고루 섞는다. 김밥 김은 2등분한다.
쇠고기는 키친타월에 올려 핏물을 뺀다.

2

오이피클은 0.5cm 두께로 어슷 썰고,
작은 볼에 양념 재료를 넣어 골고루
섞는다.

3

볼에 다진 쇠고기, 밑간 재료를 넣고
충분히 치댄 다음 2등분한다.
도마에 랩을 감싼 후 올려
10×10×0.5cm 크기의 사각형으로
패티를 만든다. ★ 도마 대신 접시에
식용유를 살짝 발라 패티를 올려 모양을
만들어도 좋다.

4

달군 팬에 식용유를 두르고 패티를
올려 중간 불에서 2분, 뒤집어 약한 불로
줄여 2분간 굽는다.

5

패티를 팬의 가장자리로 밀어두고
키친타월로 기름을 닦은 후 ②의 양념을
패티 위에 붓는다. 앞뒤로 각각 30초씩 더
굽는다.

6

김밥 김에 밥 1/2분량을 올려 펼친 후
겨자잎 1장, 패티 1개, 마요네즈 1/2큰술,
오이피클 1/2분량을 올린 다음 반으로
섞는다. 같은 방법으로 1개 너 만든다.

김 위에 밥과 피자치즈를 올려 구운 색다른 피자!

스시 피자 hot

밥과 누룽지를 이용한 간식

⏱ 35~40분 | 🍽 2인분
422kcal

- 따뜻한 밥 1공기(200g)
- 김밥 김 2장
- 게맛살 4개(짧은 것, 80g)
- 피망 1/2개(50g)
- 양파 1/8개(25g)
- 할라피뇨 슬라이스 12개
  (또는 오이피클 슬라이스, 30g)
- 슈레드 피자치즈 2/3컵(70g)

양념
- 마요네즈 3큰술
- 다진 마늘 1/2작은술
- 식초 1/2작은술
- 올리고당 1작은술
- 후춧가루 약간

배합초
- 소금 1/2작은술
- 식초 2작은술
- 올리고당 1과 1/2작은술

1
피망은 씨를 제거하고 사방 0.5cm 크기로
썬다. 양파는 0.3cm 두께로 채 썬다.
★ 통할라피뇨를 사용할 경우 0.5cm
두께로 썬다.

2
게맛살은 결대로 찢은 뒤 볼에 담고
피망, 양파, 양념 재료를 넣어 골고루
버무린다.

3
볼에 따뜻한 밥, 배합초를 넣고
골고루 섞은 뒤 한 김 식힌다. 오븐은
190℃(미니 오븐 동일)로 예열한다.

4
오븐 팬에 종이 포일을 깔고 김 2장을
겹쳐 올린 후 ③의 밥을 넓게 펼친다.
이때 손에 밥이 달라붙기 쉬우니 물을
묻혀가며 편다.

5
④의 밥 위에 ②를 골고루 올린 다음
피자치즈를 뿌리고 할라피뇨를 올린다.

6
190℃(미니 오븐 동일)로 예열된 오븐의
가운데 칸에서 15분간 구운 뒤 한입
크기로 썬다.

⏰ 20~25분 | 🍽 2인분
351kcal

- 시판 누룽지 1과 1/2장(80g)
  ★ 누룽지 만들기 12쪽 참고
- 잡채용 쇠고기 50g
- 파프리카 1/2개(100g)
- 양파 1/4개(50g)
- 식용유 1/2컵(100㎖) + 1큰술

양념
- 다진 양파 1큰술(10g)
- 다진 파 1큰술(10g)
- 다진 마늘 1/2큰술
- 양조간장 1과 1/2큰술
- 참기름 2/3큰술
- 올리고당 1과 1/2작은술
- 후춧가루 약간

바삭한 누룽지에 궁중떡볶이 양념을 더해 만든
누룽지볶이

<u>01</u> 누룽지는 한입 크기로 부순다.

<u>02</u> 파프리카, 양파는 0.5cm 두께로 채 썬다. 볼에 양념 재료를 넣어 골고루 섞는다.

<u>03</u> 볼에 쇠고기와 ②의 양념 1큰술을 넣어 골고루 버무린다.

<u>04</u> 달군 팬에 식용유(1/2컵)를 붓고 중간 불에서 1분간 더 달군다.
누룽지를 넣고 중약 불로 줄여 1분~1분30초간 바삭하게 튀긴 후 체에 밭쳐 기름을 뺀다.

<u>05</u> ④의 팬에 남은 기름은 따라내고 식용유(1큰술)를 두른 후 양파를 넣고 중간 불에서 30초,
파프리카를 넣고 30초간 더 볶은 뒤 접시에 덜어둔다.

<u>06</u> ⑤의 팬에 쇠고기를 넣고 중간 불에서 1분 30초간 볶는다.

<u>07</u> 누룽지, ⑤, 남은 양념을 넣고 중약 불로 줄여 1분간 볶는다.

⏰ 15~20분 | 🍽 2~3인분
474kcal

- 시판 누룽지 1과 1/2장(80g)
  ★ 누룽지 만들기 12쪽 참고
- 떡국 떡 1과 1/2컵(150g)
- 아몬드 3큰술
  (또는 다른 견과류, 36g)
- 식용유 1/2컵(100㎖) + 1큰술

시럽
- 설탕 3큰술
- 물 3큰술
- 식용유 1큰술

183

고소하면서도 씹는 맛이 좋은
누룽지 떡맛탕

01 아몬드는 키친타월에 올려 굵게 다지고, 누룽지는 한입 크기로 부순다.

02 달군 팬에 식용유(1/2컵)를 붓고 중간 불에서 1분간 더 달군다.
누룽지를 넣어 중약 불로 줄여 1분~1분 30초간 바삭하게 튀긴 후 체에 밭쳐 기름을 뺀다.

03 ②의 팬에 남은 기름은 버리고 식용유(1큰술)를 두른 후 떡국 떡을 넣어
중약 불에서 앞뒤로 각각 4분씩 바삭하게 구워 덜어둔다.
★ 떡이 딱딱할 경우 끓는 물(3컵)에 넣고 1분간 데친 후 사용한다.

04 ③의 팬을 키친타월로 닦은 후 시럽 재료를 넣고 중약 불에서 팬을 기울여가며 설탕을 녹인다.
설탕이 녹아 바글바글 끓어오르면 30초간 끓인다.

05 누룽지와 떡, 아몬드를 넣어 1분간 골고루 버무린다.

밥과 누룽지를 이용한 간식

⏰ 30~35분
🍽 2인분 | 259kcal

- 밥 3/4공기(150g)
- 잔멸치 1과 1/2큰술(15g)
- 검은깨 1/2큰술(또는 통깨)
- 통깨 1/2큰술
- 설탕 1과 1/2큰술
- 파마산 치즈가루 2작은술 (생략 가능)
- 참기름 1큰술
- 식용유 1큰술

Tip 색다르게 즐기기

견과류 쌀과자 잔멸치와 검은깨, 통깨 대신 다진 견과류 2큰술(20g)을 넣고 같은 방법으로 만든다.
밥새우 쌀과자 잔멸치 대신 밥새우(10g)를 넣고 같은 방법으로 만든다.

식은 밥으로 만드는 칼슘 듬뿍 과자!
멸치 쌀과자

01 달군 팬에 식용유를 두르지 않은 채 잔멸치, 검은깨, 통깨를 넣고 중약 불에서 2분간 볶는다.

02 볼에 밥과 ①의 재료, 설탕(1/2큰술), 파마산 치즈가루, 참기름을 넣어 골고루 섞은 다음 위생장갑을 끼고 손으로 치대며 밥알을 으깬다.

03 도마에 ②를 펼친 다음 그 위에 랩을 덮는다. 밀대를 이용해 0.3cm 두께로 얇게 민다.

04 먹기 좋은 크기로 썰거나 모양 틀로 찍는다.

05 달군 팬에 식용유를 두르고 ④를 올려 중약 불에서 앞뒤로 뒤집어가며 20분간 노릇하게 굽는다. ★ 팬의 크기에 따라 2~3회로 나눠 굽는다.

06 ⑤를 접시에 담고 설탕(1큰술)을 골고루 뿌린다.
　　★ 설탕은 기호에 따라 가감하며 생략해도 좋다.

①

③

⑤

**" 나를 위해 만들기는 조금 귀찮지만
사랑하는 남편과 아이들을 위해서는
자꾸 만들어주고 싶은 것이죠. "**

– 오은미 독자님

만두

만두소가 간편해 부담스럽지 않은
브로콜리 돼지고기만두

⏱ 30~35분 | 🍽 2인분
48kcal/개

• 만두피 12장(지름 9cm)

만두소
• 브로콜리 1/4개(75g)
• 다진 돼지고기 150g
• 두부 작은 팩 1모(부침용, 180g)
• 다진 파 2큰술

양념
• 양조간장 1큰술
• 소금 2/3작은술
• 설탕 1/2작은술
• 다진 마늘 1작은술
• 다진 생강 1/2작은술
• 청주 1/2작은술
• 참기름 1작은술
• 후춧가루 약간

생강 양념장
• 생강 1톨(마늘 크기, 5g)
• 양조간장 1과 1/2큰술
• 생수 1큰술
• 식초 2작은술

1 찜기의 1/2지점까지 물을 붓고 뚜껑을 덮어 센 불에서 끓인다. 냄비에 브로콜리 데칠 물(물 4컵 + 소금 1작은술)을 끓인다. 큰 볼에 다진 돼지고기와 양념 재료를 모두 넣고 버무려 재워둔다.

2 브로콜리는 한입 크기로 썬 후 ①의 끓는 물에 넣어 1분간 데친다. 체에 밭쳐 찬물에 헹궈 물기를 꼭 짠 뒤 잘게 다진다.

3 두부는 칼 옆면으로 눌러 곱게 으깬 후 젖은 면보에 넣고 물기를 꼭 짠다.

4 ①의 볼에 브로콜리, 두부, 다진 파를 넣고 버무려 10분간 재운다. 생강은 가늘게 채 썬 후 작은 볼에 나머지 생강 양념장 재료를 넣고 골고루 섞는다. ★ 아이와 함께 먹는다면 생강을 생략해도 좋다.

5 만두피에 소 2큰술씩(30g) 올린 후 가장자리에 물을 바른다. 반으로 접어 가장자리를 꾹꾹 눌러 붙인 후 양 끝을 모아 붙여 만두를 빚는다.
★ 젖은 면보를 덮고 빚으면 만두피가 마르지 않는다.

6 김이 오른 ①의 찜기에 젖은 면보를 깔고 만두를 올려 뚜껑을 덮어 중간 불에서 11분간 찐다. 생강 양념장을 곁들인다.

187

Tip 알아두세요
과정 ⑥까지 마친 후 한 김 식혀 넓은 스테인리스 용기에 펼쳐 담아 급속 냉동해 지퍼백에 옮겨 담는다. 냉동하면 7~10일간 보관이 가능하고 해동 없이 조리에 사용한다.

⏰ 35~40분 | 🍽 2~3인분
89kcal/개

- 만두피 20장(지름 9cm)
- 식용유 2큰술

만두소
- 게맛살 5개(짧은 것, 100g)
- 깻잎 3장(6g)
- 표고버섯 2개(50g)
- 양파 1/8개(25g)
- 참기름 1작은술
- 통깨 1/2작은술
- 소금 약간
- 후춧가루 약간

담백한 소를 넣어 바삭하게 구운
게맛살 납작만두

01 게맛살은 결대로 가늘게 찢고, 깻잎은 길이로 반을 썬 후 가늘게 채 썬다.

02 양파는 0.3cm 두께로 채 썬다. 표고버섯은 밑동을 제거한 후 양파와 같은 크기로 채 썬다.

03 달군 팬에 식용유(1/2큰술)를 두르고 양파를 넣어 중간 불에서 30초간 볶는다.
표고버섯을 넣어 30초간 더 볶은 후 볼에 담는다.

04 ③의 볼에 나머지 만두소 재료를 넣고 골고루 섞는다.

05 만두피에 소 1과 1/2큰술씩을 올린 후 가장자리에 물을 바른다.
다른 만두피 한 장으로 덮어 가장자리를 꾹꾹 눌러 붙인다.

06 달군 팬에 식용유(1과 1/2큰술)를 두르고 만두를 올려 중간 불에서 앞뒤로 각각
1분~1분 30초씩 굽는다. ★식용유가 부족하면 더 넣어가면 굽는다.
팬의 크기에 따라 2~3회 나눠서 굽는다.

⏱ 30~35분 | 🍽 2~3인분
89kcal/개

- 만두피 8장(지름 9cm)
- 식용유 3큰술

만두소
- 파인애플링 2개(200g)
- 아몬드 1큰술(12g)
- 버터 1/2큰술
- 설탕 2큰술
- 올리고당 1큰술
- 계핏가루 1/4작은술
  (기호에 따라 가감)

바삭함과 달콤함으로 무장한
파인애플 군만두

01 파인애플링은 사방 1cm 크기로 썬다. 아몬드는 키친타월에 올려 굵게 다진다.

02 달군 냄비에 버터, 파인애플을 넣어 중간 불에서 1분간 볶는다.

03 설탕과 올리고당을 넣고 물기가 없어질 때까지 10분간 조리듯이 볶고,
      ①의 아몬드와 계핏가루를 넣어 2분간 저어가며 조린 다음 불을 끈다.

04 만두피에 소 1큰술씩을 올리고 가장자리에 물을 발라 반으로 접는다.
      가장자리를 포크로 눌러가며 붙인다.

05 달군 팬에 식용유를 두르고 만두를 올려 중간 불에서 앞뒤로 각각 1분~1분 30초씩
      노릇하게 굽는다.

⏰ 30~35분 | 🍽 2~3인분
92kcal/개

- 만두피 15장(지름 9cm)
- 식용유 2컵(400㎖)

만두소
- 게맛살 3개(짧은 것, 60g)
- 양파 1/5개(40g)
- 할라피뇨 슬라이스 10개(또는
  오이피클 1개 + 다진 청양고추
  1큰술, 24g)
- 오이피클 1/3개(20g)
- 실온에 둔 크림치즈 5큰술(100g)
- 마요네즈 1큰술

발사믹 토마토 소스
- 설탕 2큰술
- 토마토케첩 2와 1/2큰술
- 발사믹 식초 1/2큰술
- 오렌지주스 2큰술

🍲 **Tip** 알아두세요
소스를 만들기가 번거롭다면 돈가스
소스로 대체해도 잘 어울린다.

상큼한 크림치즈를 넣어 색다르게 즐기는
크림치즈 튀김만두

<u>01</u> 게맛살, 양파, 할라피뇨, 오이피클은 모두 잘게 다진 후 키친타월에 올려 물기를 뺀다.

<u>02</u> 볼에 만두소 재료를 모두 넣고 골고루 섞는다.

<u>03</u> 만두피에 소 1작은술씩을 올리고 가장자리에 물을 바른다. 양손으로 사진처럼 접어
모양을 만든 후 가장자리를 꾹꾹 눌러 붙인다.

<u>04</u> 냄비에 식용유를 붓고 180℃가 되도록 중간 불로 끓인다. ③을 넣고 2분 30초간 튀긴다.
키친타월에 만두를 뒤집어 담아 기름기를 뺀다. ★ 180℃는 만두를 넣었을 때
떠오르면서 잔기포가 많이 생기는 정도.

<u>05</u> 작은 냄비에 소스 재료를 모두 섞어 중간 불에서 설탕이 녹을 정도로 1분간 저어가며
끓인 후 만두에 곁들인다.

⏱ 30~35분 | 🍽 2~3인분
47kcal/개

- 만두피 16장(지름 9cm)
- 식용유 2컵(400㎖)
- 토마토케첩 약간

만두소
- 양파 1/2개(100g)
- 감자 1/2개(100g)
- 다진 쇠고기 100g
- 식용유 1작은술
- 다진 마늘 1작은술
- 후춧가루 약간
- 토마토케첩 4큰술
- 카레가루 1작은술(생략 가능)
- 소금 약간

Tip 알아두세요

사모사(Samosa)는 감자, 채소, 다진 고기 등을 넣고 삼각형으로 빚어 튀긴 인도식 만두이다. 주로 겉반죽은 패스트리의 질감이지만 쉽게 구할 수 있는 만두피로 응용했다.

인도식 튀김만두를 응용한
쇠고기사모사

01 양파와 감자는 사방 0.5cm 크기로 썬다.

02 냄비에 감자와 물(1컵)을 넣고 센 불에서 끓어오르면 2분간 삶은 후 체에 밭쳐 물기를 뺀다.

03 달군 팬에 식용유(1작은술)를 두르고 다진 마늘을 넣고 약한 불에서 30초, 양파를 넣고 중간 불로 올려 1분간 볶는다.

04 다진 쇠고기와 후춧가루를 넣고 2분, 감자를 넣어 1분간 더 볶는다. 토마토케첩, 카레가루, 소금을 넣고 1분간 볶아 한 김 식힌다.

05 만두피에 소 1큰술씩 올린 후 가장자리에 물을 발라 삼각형으로 접어가며 모양을 만든다. 가장자리를 꾹꾹 눌러 붙인다.

06 냄비에 식용유를 붓고 180℃가 되도록 중간 불로 끓인다. ⑤를 넣어 2분 30초간 튀긴다. 체에 밭쳐 기름을 뺀 후 기호에 따라 토마토케첩을 곁들인다.

★ 180℃는 만두를 넣었을 때 떠오르면서 잔기포가 많이 생기는 정도.

⏱ 15~20분 | 🍽 2~3인분
523kcal

- 시판 냉동 물만두 약 23개(200g)
- 땅콩 20개(20g)
- 식용유 3큰술

양념
- 설탕 1큰술
- 물 4큰술
- 토마토케첩 1큰술
- 고추장 1큰술
- 다진 마늘 1작은술

Tip 색다르게 즐기기

시판 냉동 물만두 대신 떡볶이 떡(250g)을 사용해도 좋다. 달군 팬에 식용유(1큰술)를 두르고 떡볶이 떡을 넣어 약한 불에서 앞뒤로 각각 4분씩 구워 덜어둔다. ③번 과정부터 동일하게 만든다. 단, 떡볶이 떡이 딱딱할 경우 끓는 물에 넣어 1분간 데친 후 찬물에 헹궈 물기를 뺀 후 사용한다.

부재료가 필요없는 별미 만두!
물만두강정

01 땅콩은 껍질을 벗긴 후 키친타월에 올려 굵게 다진다. 작은 볼에 양념 재료를 넣고 섞는다.

02 깊은 팬을 달군 후 식용유를 두르고 물만두를 넣어 중간 불에서 뒤집어가며 6분간 구워 덜어둔다.

03 ②의 팬을 키친타월로 닦고 양념을 넣어 센 불에서 바글바글 끓어오르면 약한 불로 줄여 1분간 끓인다.

04 구운 물만두, 다진 땅콩을 넣고 섞은 후 불을 끈다.

⏱ 15~20분 | 🍽 2인분
458kcal

- 시판 냉동 물만두
  약 11개(100g)
- 로메인 5장(50g)
- 어린잎 채소 1줌(20g)
- 식용유 2컵(400㎖)

요구르트 드레싱
- 떠먹는 플레인 요구르트
  1통(85g)
- 소금 1/3작은술
- 레몬즙 2작은술
- 통후추 간 것 약간
  (또는 후춧가루 약간)

만두를 상큼하게 즐기고 싶다면!
튀긴 물만두샐러드

01 로메인은 흐르는 물에 씻어 체에 밭쳐 물기를 뺀 후 길게 반으로 썰고 3cm 두께로 썬다.
   어린잎 채소는 흐르는 물에 씻어 체에 밭쳐 물기를 뺀다.

02 볼에 드레싱 재료를 넣어 골고루 섞는다.

03 냄비에 식용유를 붓고 180℃가 되도록 중간 불로 끓인다. 물만두를 넣고
   2분~2분 30초간 튀긴 후 체에 밭쳐 기름을 뺀다.

04 접시에 로메인, 어린잎 채소, 튀긴 물만두를 담고 요구르트 드레싱을 곁들인다.

쫄면에 군만두를 더해 주말 한 끼 푸짐하게 먹을 수 있는 메뉴!

비빔만두와 쫄면 hot🌶

⏱ 30~35분 ┃ 🍽 2~3인분
575kcal

- 시판 냉동 군만두 8개
- 쫄면 1과 1/3줌(200g)
- 양배추 3장(손바닥 크기, 90g)
- 상추 3장(손바닥 크기, 30g)
- 깻잎 5장(10g)
- 식용유 1큰술
- 물 1큰술

양념
- 통깨 1큰술
- 설탕 1큰술
- 고춧가루 1과 1/2큰술
- 식초 3큰술
- 양조간장 1과 1/2큰술
- 올리고당 1큰술
- 고추장 3큰술
- 참기름 1큰술
- 다진 마늘 1작은술
- 맛술 1작은술

① 냄비에 쫄면 삶을 물(4컵)을 끓인다. 작은 볼에 양념 재료를 넣고 골고루 섞는다.

② 양배추는 가늘게 채 썰고, 상추와 깻잎은 1cm 두께로 썬다. ★ 체에 밭쳐 흐르는 물에 살짝 헹군 후 냉장실에 넣어두면 더욱 아삭하게 즐길 수 있다.

③ 쫄면은 가닥가닥 뜯은 후 ①의 끓는 물에 넣고 센 불에서 끓어오르면 중간 불로 줄여 2~3분간 삶는다. 찬물에 비벼가며 2~3번 헹군 후 체에 밭쳐 물기를 뺀다. ★ 쫄면은 포장지에 적힌 시간대로 삶는다.

④ 달군 팬에 식용유를 두르고 군만두를 넣어 중간 불에서 앞뒤로 각각 2분씩 굽는다.

⑤ ④의 팬에 물(1큰술)을 넣고 뚜껑을 덮은 후 약한 불로 줄여 1분 30초간 익힌다. 뚜껑을 열고 센 불로 올려 30초간 뒤집어가며 바삭하게 익힌다. ★ 시판 군만두는 제품에 따라 굽는 시간이 다르니 제품 포장지에 표기된 시간에 맞춰 굽는다. 물을 넣고 뚜껑을 덮어 익히면 속까지 골고루 익힐 수 있다.

⑥ 넓은 접시에 군만두, 쫄면, 양배추, 상추, 깻잎을 돌려 담고 양념을 곁들인다.

Tip 색다르게 즐기기
쫄면 대신 소면을 사용해도 좋다. 소면 1과 1/3줌(93g)은 끓는 물(10컵)에 펼쳐 넣고 센 불에서 3분 30초간 삶는다. 중간에 끓어오르면 찬물을 1/2컵씩 2회 붓는다. 찬물에 헹군 후 체에 밭쳐 물기를 빼고 쫄면 대신 곁들인다. 면 대신 군만두를 더 추가해서 즐겨도 좋다.

195

부산 서동시장의 인기 먹거리를 우리 집 간식으로 즐기기

달걀만두

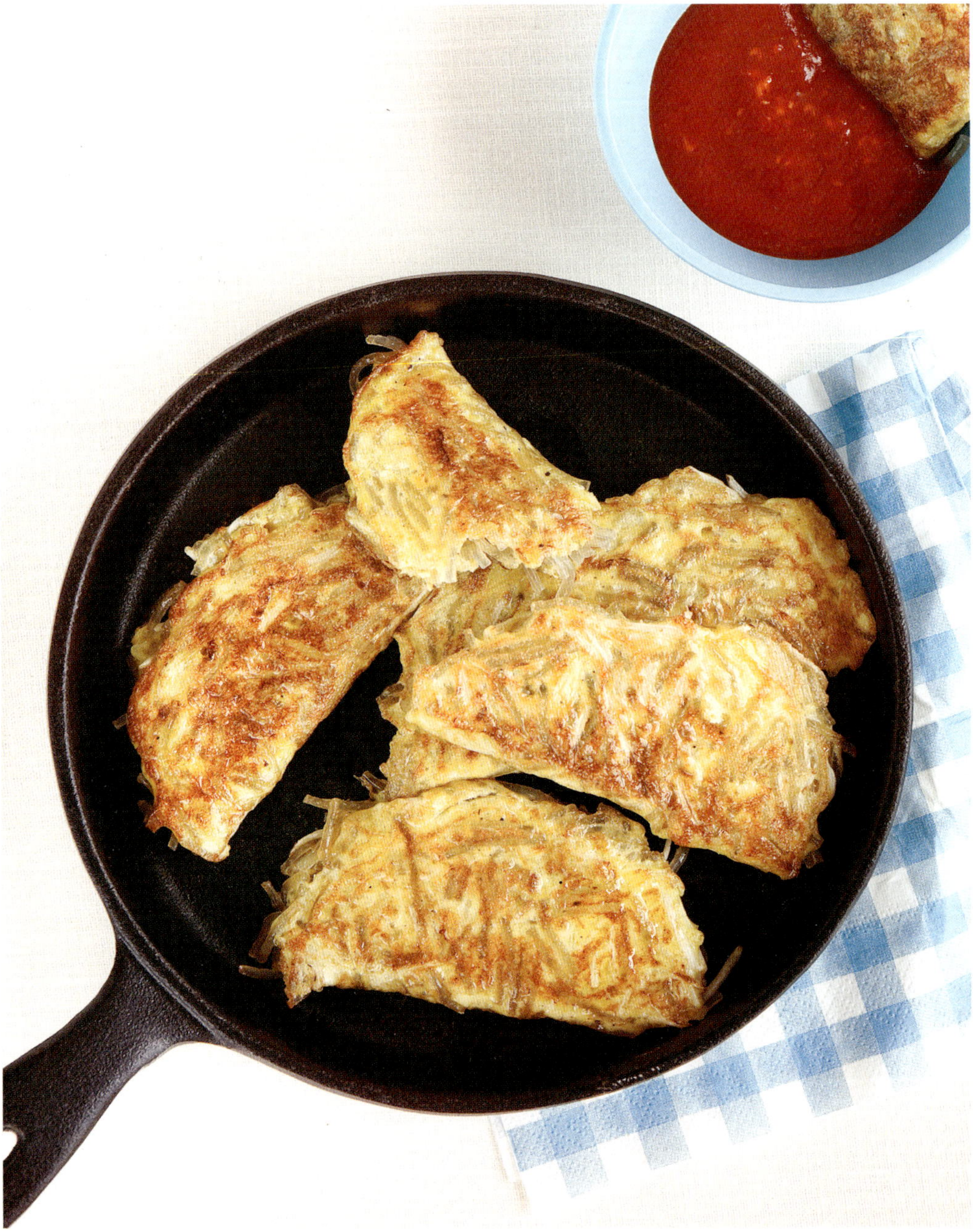

⏰ 25~30분
(+ 당면 불리기 1시간 30분)
🍽 2~3인분 | 104kcal/개

- 달걀 3개
- 당면 1/2줌(50g)
- 숙주 1줌(50g)
- 대파(흰 부분) 10cm
- 소금 1/2작은술
- 후춧가루 1/2작은술
- 참기름 1/2작은술
- 식용유 3큰술

양념
- 설탕 2큰술
- 다진 마늘 1큰술
- 양조간장 4큰술
- 식용유 1큰술
- 후춧가루 약간(기호에 따라 가감)
- 물 2컵(400㎖)

고추장 소스
- 설탕 2큰술
- 물 6큰술
- 토마토케첩 2큰술
- 고추장 2큰술
- 다진 마늘 2작은술

볼에 당면과 당면이 잠길 만큼의 찬물을 부어 1시간~1시간 30분간 불린다. 숙주는 2cm 길이로 썰고, 대파는 송송 썬다.

냄비에 양념 재료를 넣고 중간 불에서 끓어오르면 당면을 넣어 2분 30초간 삶는다. 체에 밭쳐 물기를 빼고 볼에 담아 가위를 이용해 2~3회 자른다.

큰 볼에 달걀을 풀고 당면, 숙주, 대파, 소금, 후춧가루, 참기름을 넣어 골고루 섞는다.

작은 냄비에 고추장 소스 재료를 넣어 센 불에서 끓어오르면 약한 불로 줄여 1분간 30초간 저으면서 끓인다.

달군 팬에 식용유(1큰술)를 두르고 ③의 반죽을 한 국자씩 올려 지름 10cm 크기가 되도록 국자 바닥으로 둥글게 돌려가며 편다. 중약 불에서 30초간 익힌 다음 밑면이 살짝 익으면 반을 집는다.

뒤집개로 눌러가며 1분, 뒤집어 1분 30초간 더 굽는다. 같은 방법으로 6개 더 만든다. 접시에 담고 고추장 소스를 곁들인다. ★ 식용유가 부족하면 더 넣어가며 굽는다.

197

 알아두세요

아이와 함께 즐기려면 고추장 소스 대신 토마토케첩을 곁들인다.

⏰ 30~35분 | 🍽 2인분
217kcal

- 브로콜리 1/4개(75g)
- 두부 작은 팩 1/4모(부침용, 45g)
- 다진 쇠고기 120g
- 밀가루 4큰술

양념
- 통깨 1작은술
- 참기름 1작은술
- 다진 마늘 1작은술
- 다진 파 1작은술
- 소금 1/2작은술
- 후춧가루 약간

양념장
- 양조간장 1큰술
- 생수 1큰술
- 설탕 1작은술
- 고춧가루 1작은술
- 식초 1작은술

Tip 브로콜리로 장식하기

브로콜리 1/10개(30g)를 사방
1cm 크기로 썰어 끓는 물에
30초간 데친 다음 찬물에 헹군다.
완성한 브로콜리 굴림만두에
익힌 브로콜리를 꽂아 장식한다.

만두피가 필요없는
브로콜리 굴림만두

01 찜기의 1/2지점까지 물을 붓고 뚜껑을 덮어 센 불에서 끓인다.
브로콜리는 사방 0.3cm 크기로 썬다. 작은 볼에 양념장 재료를 넣어
골고루 섞은 후 곁들인다.

02 두부는 칼 옆면으로 눌러 곱게 으깬 후 젖은 면보에 넣고 물기를 꼭 짠다.

03 다진 쇠고기는 키친타월에 올려 꼭꼭 눌러가며 핏물을 제거한다.

04 볼에 브로콜리, 으깬 두부, 쇠고기, 양념 재료를 모두 넣고 골고루 섞어 치댄다.

05 ④를 지름 2cm 크기로 동그랗게 빚는다.

06 넓은 접시에 밀가루를 펼쳐 올린 후 ⑤를 올려 굴려가며 골고루 묻힌다.

07 김이 오른 찜기에 젖은 면보를 깔고 ⑥을 올려 뚜껑을 덮고 중간 불에서 11~15분간 찐다.
접시에 담고 양념장을 곁들인다.

" 사랑하는 우리 남편에게 간식은
술과 어울리는 것이어야 하죠. **"**

– 조아랑 독자님

꼬치

구이요리

그라탱

치즈를 올려 고소한 맛을 더한 알감자 버터구이

⏱ 30~35분 | 🍽 2~3인분 | 45kcal/개

- 알감자 16개(350g)
- 슬라이스 치즈 1장
- 버터 1큰술
- 소금 1/2작은술(기호에 따라 가감)
- 토마토케첩 약간
- 머스타드 약간

01 알감자는 껍질째 깨끗이 씻는다. 냄비에 알감자와 물(물 4컵 + 소금 1작은술)을 붓고 센 불에서 끓어오르면 중약 불로 줄여 뚜껑을 덮어 10~11분간 삶은 후 체에 밭쳐 물기를 뺀다.

02 슬라이스 치즈는 껍질째 사방 2cm 크기로 칼집을 낸다.

03 약한 불로 달군 팬에 버터를 넣고 녹인 후 알감자를 넣는다.

04 알감자에 소금을 골고루 뿌린 후 센 불로 올려 3분간 굴려가며 노릇하게 익힌다.

05 알감자가 뜨거울 때 2개씩 꼬치에 꽂은 후 치즈를 1조각씩 올려 녹인다. 기호에 따라 토마토케첩, 머스타드를 곁들인다.

견과류와 말린 과일을 넣은 웰빙 디저트 절편구이 꼬치

⏱ 15~20분 | 🍽 2인분 | 144kcal/개

- 절편 4개(110g)
- 말린 자두 6개(또는 다른 말린 과일)
- 호두 2알(10g)
- 식용유 1큰술
- 참기름 1/2큰술
- 꿀 1과 1/2큰술(또는 올리고당, 기호에 따라 가감)

01 절편은 열십(+)자로 4등분하고, 말린 자두는 2등분한다.

02 달군 팬에 호두를 넣고 약한 불에서 2분간 볶은 후 키친타월에 올려 잘게 다진다.

03 꼬치에 절편과 말린 자두를 번갈아 끼운다. 같은 방법으로 3개 더 만든다.

04 달군 팬에 식용유와 참기름을 두르고 ③을 올려 중간 불에서 1분 30초간 구운 후 뒤집어 1분간 노릇하게 굽는다.

05 접시에 담고 꿀과 호두를 뿌린다.

간단하게 만드는 술안주 치즈 베이컨말이꼬치

⏱ 10~15분 | 🍽 2인분 | 51kcal/개

- 베이컨 7장(100g)
- 슬라이스 치즈 3장
- 피망 1/4개(25g)
- 팽이버섯 1/6봉(25g)

01 피망은 0.5cm 두께로 채 썰고, 팽이버섯은 밑동을 제거하고 가닥가닥 뜯는다.

02 슬라이스 치즈는 껍질째 길게 4등분으로 칼집을 낸다.

03 베이컨 위에 슬라이스 치즈를 2를 겹쳐 올리고 피망과 팽이버섯을 1/7분량씩 올린다.

04 베이컨을 돌돌 만 다음 꼬치에 끼운다. 같은 방법으로 6개 너 만든다.
　★ 한 꼬치에 2~3개씩 끼워도 좋다.

05 달군 팬에 ④를 올려 중약 불에서 2분 30초간 구운 후 뒤집어 2분간 더 굽는다.

⏰ 30~35분 | 🍽 2~3인분
178kcal/개

- 닭다리살 2쪽 180g
- 떡볶이 떡 16개(또는 모양 떡)
- 식용유 1큰술
- 다진 견과류 약간(생략 가능)

밑간
- 청주 1큰술
- 소금 1/2작은술
- 다진 마늘 1/2작은술
- 후춧가루 약간

양념
- 설탕 1큰술
- 토마토케첩 1과 1/2큰술
- 고추장 2큰술
- 통깨 1/2작은술
- 식초 1작은술
- 참기름 1작은술

새콤달콤한 맛으로 입맛을 사로잡은
떡 닭꼬치 hot 🌶

01 냄비에 떡볶이 떡 데칠 물(3컵)을 끓인다. 닭다리살은 껍질을 제거하고
   사방 3cm 크기로 8등분한 후 밑간에 버무려 15분간 재운다.

02 ①의 끓는 물에 떡볶이 떡을 넣어 1분간 데친 후 체에 밭쳐 흐르는 물로 헹군 후
   물기를 뺀다. ★ 떡이 말랑말랑 하다면 이 과정을 빼도 좋다.

03 ②의 냄비를 씻은 후 양념 재료를 넣고 중간 불에서 가장자리가 끓어오르면
   저어가며 1분간 끓인다.

04 꼬치에 닭다리살, 떡볶이 떡 순으로 4번 반복해서 꽂는다. 같은 방법으로 3개 더 만든다.

05 달군 팬에 종이 포일을 깔고 그 위에 식용유를 두른 후 ④를 올려
   중약 불에서 앞뒤로 각각 3분씩 구운 후 불을 끈다.
   ★ 양념이 타기 쉬우니 종이 포일을 깔고 구우면 좋다.

06 양념을 골고루 바른 후 약한 불에서 앞뒤로 각각 2분씩 굽는다.

07 접시에 담고 다진 견과류를 뿌린다.

⏰ 20~25분 | 🥘 2~3인분
53kcal/개

- 새우 14마리(중하, 280g)
- 베이컨 14줄(200g)
- 청주 1큰술
- 후춧가루 1/2작은술
- 식용유 2작은술

새우에 베이컨을 돌돌 말아 폼 나게 즐기는
새우 베이컨말이꼬치

01 새우는 머리를 떼어내고 이쑤시개를 이용해 등 쪽 두 번째 마디에서
내장을 제거한다. 꼬리 쪽 한 마디를 제외하고 껍질을 제거한 후 흐르는 물에 헹군다.
★ 새우 손질하기 9쪽 참고

02 접시에 새우를 담고 청주, 후춧가루에 버무려 5분간 재운다.

03 새우를 꼬치에 길게 꽂은 후 베이컨 1줄을 돌돌 만다. 같은 방법으로 13개 더 만든다.

04 달군 팬에 식용유를 두르고 베이컨의 끝부분이 바닥에 닿도록 ③을 올려
중간 불에서 30초간 구운 후 1분 30초간 뒤집어가며 굽는다.

05 중약 불로 줄여 뚜껑을 덮고 1분, 뒤집어 2분간 더 굽는다.
★ 새우의 크기에 따라 굽는 시간은 가감한다.

꼬치·구이요리·그라탱

떡에 피자치즈와 피망을 더한 **피자 떡꼬치**

⏱ 15~20분 | 🍴 2~3인분 | 127kcal/개

- 절편 6개(165g)
- 게맛살 3개(짧은 것, 60g)
- 피망 1/4개(25g)
- 슈레드 피자치즈 1/2컵(50g)
- 식용유 1작은술

양념
- 토마토케첩 1큰술
- 올리고당 1큰술
- 양조간장 1/2작은술
- 고추장 2작은술

01 절편은 반으로 썰고, 피망은 사방 0.3cm 크기로 썬다.

02 게맛살은 길이대로 2등분한다. 볼에 양념 재료를 담아 골고루 섞는다.

03 꼬치에 절편, 게맛살, 절편 순으로 끼운다. 같은 방법으로 5개 더 만든다.

04 달군 팬에 식용유를 두르고 키친타월로 펴 바른 후 ③을 올려 약한 불에서 2분간 구운 후 뒤집는다.

05 ④의 꼬치 위에 ②의 양념을 바르고 피망, 피자치즈를 얹는다. 뚜껑을 덮고 4분간 굽는다.

짭조름하게 즐기는 **동남아풍 닭꼬치**

⏱ 30~35분 | 🍴 2~3인분 | 66kcal/개

- 닭가슴살 2쪽(200g)
- 식용유 1큰술
- 다진 땅콩 약간

양념
- 실온에 둔 땅콩버터 2큰술
- 설탕 1큰술
- 다진 양파 1큰술
- 양조간장 1큰술
- 피쉬소스 1큰술(또는 액젓)
- 청주 1/2큰술

01 볼에 양념 재료 중 땅콩버터와 설탕을 먼저 섞은 후 나머지 양념 재료를 넣어 섞는다.

02 닭가슴살은 길게 4등분한 후 볼에 넣고 양념에 버무려 10분간 재운다.

03 위생장갑을 끼고 닭가슴살을 꼬치에 끼운다.
★ 닭가슴살을 꼬치에 먼저 끼우고 양념을 발라 재워도 좋다.

04 달군 팬에 식용유를 두르고 닭가슴살을 올려 중간 불에서 앞뒤로 각각 3~4분씩 구운 후 접시에 담고 다진 땅콩을 곁들인다.
★ 닭가슴살의 두께에 따라 굽는 시간을 가감한다.

담백한 닭안심에 땅콩 소스를 곁들인 **닭안심 마늘종꼬치**

⏱ 25~30분 | 🍴 2인분 | 96kcal/개

- 닭안심 6쪽(150g)
- 마늘종 3줄기
- 식용유 1큰술

밑간
- 청주 1작은술
- 소금 1/4작은술
- 후춧가루 약간

땅콩 소스
- 실온에 둔 땅콩버터 1큰술
- 다진 청양고추 1/2큰술
- 다진 양파 1/2큰술
- 올리브유 2큰술
- 양조간장 1/2작은술
- 꿀 1/2작은술 (또는 올리고당)

01 닭안심은 힘줄을 제거한 후 밑간에 버무려 10분간 재운다.

02 마늘종은 15cm 길이로 썰고 한쪽 끝부분을 뾰족하게 어슷 썬다.

03 닭안심을 마늘종에 끼운다. 같은 방법으로 5개 더 만든다.

04 볼에 땅콩 소스 재료를 넣어 골고루 섞는다.

05 달군 팬에 식용유를 두르고 ③을 올려 중간 불에서 앞뒤로 각각 3분씩 굽는다.

06 접시에 담고 땅콩 소스를 곁들인다.

⏱ 25~30분 | 🍲 2~3인분
46kcal/개

- 양송이버섯 10개(200g)
- 다진 쇠고기 50g
- 베이컨 3줄(42g)
- 양파 1/8개(25g)
- 당근 1/10개(20g)
- 소금 1/4작은술
- 후춧가루 약간
- 밀가루 1큰술
- 달걀물 1/2개분
- 식용유 2큰술

촉촉한 양송이버섯에 담백한 고기 소를 넣은
양송이볼

<u>01</u> 쇠고기는 키친타월에 올려 핏물을 제거한다.

<u>02</u> 양파와 당근은 잘게 다진다. 베이컨은 사방 0.5cm 크기로 썬다.

<u>03</u> 달군 팬에 기름을 두르지 않은 채 양파와 당근을 올려 중약 불에서 1분 30초간 볶은 후
접시에 펼쳐 한 김 식힌다.

<u>04</u> 볼에 쇠고기, ③, 베이컨, 소금, 후춧가루를 넣고 골고루 섞은 후 치댄다.

<u>05</u> 양송이버섯은 밑동을 제거한 후 안쪽에 밀가루를 꼼꼼히 묻힌다.

<u>06</u> ⑤의 안에 ④의 1/10분량을 채운다. 밑면에만 밀가루와 달걀물을 묻힌다.
같은 방법으로 9개 더 만든다.

<u>07</u> 달군 팬에 식용유를 두르고 달걀물을 묻힌 부분이 바닥에 닿도록 올린 후 약한 불에서
5분간 굽는다.

<u>08</u> 뚜껑을 덮고 5분간 더 굽는다.

- 다진 쇠고기 100g
- 다진 돼지고기 50g
- 브로컬리 1/6개(50g)
- 콜리플라워 1/6개(50g)
- 양파 1/4개(50g)
- 당근 1/8개(25g)
- 소금 1/2작은술 + 약간
- 밀가루 2큰술
- 후춧가루 약간
- 식용유 4큰술

소스
- 토마토케첩 4큰술
- 물 5큰술
- 맛술 3큰술
- 돈가스 소스 1큰술
- 올리고당 2큰술

다양한 채소를 꽂아 응용해보세요~
미트볼꼬치

01 냄비에 브로콜리와 콜리플라워 데칠 물(물 3컵 + 소금 1작은술)을 끓인다.

02 양파와 당근은 잘게 다진다. 브로콜리와 콜리플라워는 한 입 크기로 썬다.

03 ①의 끓는 물에 브로콜리, 콜리플라워를 넣고 30초간 데친 후 체에 밭쳐 찬물에 헹궈 물기를 뺀다.

04 달군 팬에 기름을 두르지 않은 채 양파, 당근을 넣고 중약 불에서 1분 30초간 볶은 후 접시에 펼쳐 한 김 식힌다.

05 볼에 고기, ④, 소금(1/2작은술), 후춧가루를 넣어 치댄다. 다른 볼에 소스 재료를 넣어 섞는다.

06 ⑤를 지름 2cm 크기로 동그랗게 빚은 후 밀가루를 골고루 묻힌다.

07 달군 팬에 식용유(1큰술)를 두르고 브로콜리, 콜리플라워, 소금, 후춧가루 약간씩을 넣고 중약 불에서 30초간 볶은 후 덜어 둔다.

08 ⑦의 팬을 키친타월로 닦은 후 다시 달궈 식용유(3큰술)를 두르고 ⑥을 올려 중약 불에서 5분간 굴려가며 굽는다.

09 소스를 붓고 중간 불로 올려 5분간 조린다. 미트볼과 브로콜리, 콜리플라워를 꼬치에 꽂는다.

담백한 치킨바

⏰ 30~35분 | 🍽 2~3인분
198kcal/개

- 닭가슴살 2쪽(200g)
- 양파 1/4개(50g)
- 당근 1/10개(20g)
- 풋고추 1개
- 녹말가루 4큰술
- 물 2큰술
- 청주 1큰술
- 소금 1/2작은술
  (기호에 따라 가감)
- 다진 마늘 2작은술
- 참기름 2작은술
- 후춧가루 약간
- 식용유 4큰술

① 푸드프로세서에 양파, 당근, 풋고추를 넣고 굵게 갈아 큰 볼에 덜어둔다.

② ①의 푸드프로세서에 닭가슴살, 녹말가루, 물(2큰술)을 넣어 중간중간 섞어가며 곱게 간다.

③ ①의 볼에 식용유를 제외한 모든 재료를 넣고 골고루 치댄다.

④ 달군 팬에 식용유를 두르고 약한 불로 줄인 후 반죽의 1/4분량을 올려 넓은 뒤집개를 이용해 4×10×2cm 크기로 만든다. ★ 반죽이 질어 팬에 올려서 익혀가며 모양을 잡는 것이 편하다.

209

⑤ 겉면이 살짝 노릇하게 익으면 굴려가면서 5분간 굽는다. 같은 방법으로 3개 더 굽는다. ★ 손으로 만졌을 때 단단하면 잘 익은 것이다.

🔆 Tip 색다르게 즐기기
반죽 2큰술로 완자 모양을 만들어도 좋으며 이때 굽는 시간은 과정 ⑤와 동일하게 한다. 취향에 따라 토마토케첩을 곁들여도 좋다.

탱탱한 속살이 한가득 영양 만점

오징어 새우핫바

⏱ 35~40분(+ 숙성하기 30분)
🍴 2~3인분 | 243kcal/개

- 냉동 생새우살
  15마리(킹사이즈, 300g)
- 오징어 1마리(240g)
- 양파 1/4개(50g)
- 당근 1/10개(20g)
- 대파(흰 부분) 10cm
- 홍고추 1개
- 풋고추 1개
- 달걀물 3큰술
- 청주 1큰술
- 식용유 1컵(200㎖)

양념

- 녹말가루 3큰술
- 밀가루 1큰술
- 다진 마늘 1/2큰술
- 참기름 1/2큰술
- 소금 2/3작은술
- 후춧가루 약간

1 냉동 생새우살은 찬물(2컵)에 10분간 담가 해동한 후 체에 밭쳐 물기를 뺀다. 청주에 버무려 5분간 재운 다음 키친타월로 눌러 물기를 뺀다. 오징어는 껍질을 벗겨 6등분하고 다리의 빨판은 흐르는 물에 훑으면서 깨끗이 씻은 후 키친타월로 눌러 물기를 뺀다.
★ 오징어 손질하기 9쪽 참고

2 푸드프로세서에 양파, 당근, 대파, 홍고추, 풋고추를 넣고 굵게 간 후 볼에 덜고 푸드프로세서를 씻은 후 새우살과 오징어, 달걀물을 넣고 곱게 간다.

3 ②에 갈아 놓은 채소와 양념 재료를 모두 넣는다. 골고루 섞이도록 다시 간 다음 냉장고에서 30분간 숙성한다.

4 숙성이 끝난 반죽을 5등분해 도마 위에 올려 놓는다. 젓가락이나 면이 넓은 뒤집개 2개로 4×12×3cm 크기로 만든다.

211

5 달군 팬에 식용유를 붓고 다시 달궈 ④를 한 개씩 올린다.

6 중약 불에서 6분간 굴려가며 굽는다. 같은 방법으로 나머지도 굽는다.

🍳 **Tip 색다르게 즐기기**
반죽 2큰술로 완자 모양을 만들어도 좋으며 이때 굽는 시간은 과정 ⑥과 동일하게 한다. 취향에 따라 토마토케첩 2큰술, 머스터드 1/2큰술을 섞은 소스를 곁들여도 좋다.

- 두부 작은팩 1모(부침용, 180g)
- 닭가슴살 1쪽(100g)
- 당근 1/7개(약 30g)
- 밀가루 2큰술
- 달걀 1개
- 식용유 2큰술

양념
- 빵가루 5큰술
- 녹말가루 2큰술
- 다진 마늘 1/2큰술
- 소금 1/2작은술
- 설탕 1/2작은술
- 통깨 1작은술
- 참기름 1작은술
- 후춧가루 약간

꼬치·구이요리·그라탱

두부를 넣어 만든 패스트푸드점의 인기 메뉴
두부 치킨너겟

01 두부는 칼 옆면으로 눌러가며 으깬 후 젖은 면보에 싸서 물기를 꼭 짠다.

02 당근과 닭가슴살은 사방 2cm 크기로 썬다.

03 푸드프로세서에 닭가슴살, 두부, 당근을 넣고 곱게 간다.

04 볼에 ③, 양념 재료를 모두 넣어 치댄다. 지름 4cm, 두께 1cm 크기로 동글납작하게 빚는다.
같은 방법으로 9개 더 만든다.

05 깊고 넓은 그릇에 밀가루, 달걀을 각각 담는다. 달걀은 잘 푼다.

06 ④의 반죽에 밀가루 → 달걀 순으로 옷을 묻힌다.

07 달군 팬에 식용유를 두르고 ⑥을 올려 중약 불에서 앞뒤로 각각 2분~2분 30초씩 굽는다.

⏰ 25~30분(+ 닭봉 재우기 1시간)
🍲 2인분 | 356kcal

- 닭봉 10개(약 350g)
- 식용유 1술

양념
- 물 3큰술
- 청주 1큰술
- 식초 1큰술
- 다진 마늘 1큰술
- 토마토케첩 2큰술
- 올리고당 1큰술
- 실온에 둔 땅콩버터 1큰술
- 양조간장 1/2작은술
- 고추장 1작은술
- 후춧가루 약간

땅콩버터를 넣은 이국적인 양념을 발라 구운
태국식 닭봉구이

01 닭봉의 뼈 옆으로 깊게 칼집을 낸다.

02 볼에 닭봉, 양념 재료를 넣어 골고루 버무린 후 냉장실에 넣어 1시간 동안 재운다.

03 달군 팬에 종이 포일을 깔고 그 위에 식용유를 두른 후 닭봉을 올린다.
중간 불에서 2분 30초간 굽고 뒤집어 뚜껑을 덮고 2분간 굽는다.
★ 양념이 타기 쉬우니 종이 포일을 깔고 구우면 좋다.

04 다시 뒤집어 약한 불로 줄여 앞뒤로 각각 2분씩 굽는다.
한 번 더 뒤집이 뚜껑을 덮고 앞뒤로 각각 2분씩 더 굽는다.

①

②

④

새콤달콤한 깐풍 소스에 버무린
오븐구이 닭강정 hot 🌶

꼬치·구이요리·그라탱

⏱ 45~50분 | 🍽 2~3인분
474kcal

- 닭봉 13개(약 500g)
- 땅콩 2큰술(20g)
- 홍고추 1개(생략 가능)
- 청양고추 1개(생략 가능)
- 녹말가루 6큰술

밑간
- 양조간장 1큰술
- 청주 2큰술
- 다진 마늘 2작은술
- 다진 생강 1작은술

양념
- 설탕 1큰술
- 식초 1과 1/2큰술
- 양조간장 1큰술
- 맛술 2큰술
- 꿀 1큰술(또는 올리고당)
- 고추기름 1큰술

① 닭봉의 뼈 부분에 2~3번 깊은 칼집을 낸 후 밑간에 버무려 10분간 재운다. 오븐은 200℃(미니 오븐 동일)로 예열한다.

② 땅콩은 키친타월에 올려 굵게 다지고, 홍고추와 청양고추는 송송 썬다.

③ 위생팩에 녹말가루, 닭봉을 넣어 꾹꾹 눌러가며 겉면에 녹말가루를 골고루 묻힌다.

④ 오븐 팬에 식힘망을 올리고 그 위에 ③을 올린다. 200℃(미니 오븐 동일)로 예열된 오븐의 가운데 칸에서 15분간 구운 후 뒤집어 15분간 더 굽는다.

⑤ 달구지 않은 깊은 팬에 양념 재료, 홍고추, 청양고추를 넣고 센 불에서 끓어오르면 중간 불로 줄여 1분간 저어가며 끓인다.

⑥ 닭봉을 넣고 주걱 2개를 이용해 30초간 골고루 버무린다. 불을 끄고 땅콩을 넣어 가볍게 버무린다.

⏱ 20~25분 | 🍽 2인분

457kcal

- 떡국 떡 1과 2/3컵(또는 떡볶이 떡, 200g)
- 양파 1/4개(50g)
- 피망 1/2개(50g)
- 양송이버섯 3개(생략 가능, 60g)
- 슈레드 피자치즈 1컵(100g)
- 식용유 1작은술

양념

- 시판 토마토 스파게티 소스 1컵(200㎖)
- 물 1/2컵(100㎖)
- 소금 약간(기호에 따라 가감)

Tip **색다르게 즐기기**
생새우살을 넣어 이용해도 좋다.
생새우살(50g)을 굵게 다진 다음
청주(1작은술)를 넣고
중간 불에서 1분간 볶아 사용한다.

치즈를 쭉쭉 늘려 먹는 재미!
치즈 떡그라탱

<u>01</u> 양파와 피망은 가늘게 채 썰고, 양송이버섯은 0.5cm 두께로 모양대로 썬다.
오븐은 180℃(미니 오븐 동일)로 예열한다.

<u>02</u> 떡국 떡은 체에 밭쳐 흐르는 물에 헹궈 물기를 빼고 볼에 담아 양념 재료에 버무린다.

<u>03</u> 달군 팬에 식용유를 두르고 양파, 피망, 양송이버섯을 넣고 센 불에서 1분간 볶는다.

<u>04</u> ③의 팬에 ②를 넣고 바글바글 끓어오르면 중간 불로 줄여 5분간 더 끓인다.

<u>05</u> 내열 용기에 ④의 1/2분량 → 피자치즈 1/2분량 → ④의 1/2분량 → 피자치즈 1/2분량 순으로 담는다.

<u>06</u> 180℃(미니 오븐 동일)로 예열된 오븐의 가운데 칸에서 8~10분간 노릇하게 굽는다.
★ 오븐이 없을 경우 전자레인지(700W)에 2분간 익혀도 좋다.

⏱ **25~30분** | 🍲 **2인분**
350kcal

- 프랭크 소시지 2개
- 감자 1개(200g)
- 양파 1/4개(50g)
- 방울토마토 5개(75g)
- 청양고추 1개(생략 가능)
- 슈레드 피자치즈 3/4컵(75g)
- 시판 토마토 스파게티 소스
  3/4컵(150㎖)
- 소금 1/3작은술
- 식용유 1큰술

맥주 안주로 빼놓을 수 없는

감자 소시지그라탱

01 감자는 껍질을 벗기고 1cm 두께로 썬 후 열십(+)자로 썬다. 양파는 6등분한다.

02 방울토마토는 열십(+)자로 4등분하고, 청양고추는 송송 썬다.
　　프랭크 소시지는 0.5cm 두께로 어슷 썬다. 오븐은 180℃(미니 오븐 동일)로 예열한다.

03 달군 팬에 식용유를 두르고 감자와 소금을 넣어 중약 불에서 5분간 볶는다.

04 양파, 방울토마토, 청양고추, 프랭크 소시지를 넣고 중간 불로 올려 2분간 볶는다.

05 토마토 소스를 넣고 가장자리가 끓으면 1분간 저어가며 조린다.

06 내열 용기에 ⑤를 담고 피자치즈를 올린 후 180℃(미니 오븐 농일)로 예열된 오븐의
　　가운데 칸에서 8~10분간 노릇하게 굽는다.
　　★ 오븐이 없을 경우 전자레인지(700W)에 2분간 익혀도 좋다.

⏰ 25~30분 | 🍽 2인분
308kcal

- 사과 1개(200g)
- 고구마 1개(또는 감자, 200g)
- 우유 1/4컵(50㎖)
- 소금 1/2작은술
- 슈레드 피자치즈 1컵(100g)

Tip 알아두세요

오븐이 없다면 ④의 냄비에
사과를 넣어 섞은 후 슈레드
피자치즈를 올리고 뚜껑을 덮어
약한 불에서 3분간 익힌 후
불을 끄고 1분간 뜸을 들인다.

크림소스 대신 으깬 고구마를 넣어 더욱 든든한
사과 고구마그라탱

01 고구마는 껍질을 벗겨 사방 2cm 크기로 썬다. 오븐은 180℃(미니 오븐 170℃)로 예열한다.

02 냄비에 고구마와 고구마가 잠길 정도의 물을 넣고 센 불에서 끓어오르면
중간 불로 줄여 5분간 삶은 후 체에 밭쳐 물기를 뺀다.

03 사과는 씨 부분을 제거한 다음 사방 2cm 크기로 썬다.

04 ②의 냄비에서 물만 따라내고 숟가락으로 고구마를 으깬 다음
우유, 소금을 넣고 섞는다. ★ 핸드 블렌더를 이용해도 좋다.

05 내열 용기에 사과, ④를 담고 피자치즈를 올린다.

06 180℃(미니 오븐 170℃)로 예열된 오븐의 가운데 칸에서 8~10분간 굽는다.

⏱ 45~50분 | 🍽 2~3인분
362kcal

- 브로콜리 1/3개(100g)
- 베이컨 2줄(28g)
- 슬라이스 치즈 2장
- 달걀 2개
- 우유 3/4컵(150㎖)
- 생크림 3/4컵(150㎖)
- 소금 1/3작은술
- 후춧가루 약간
- 식용유 1/2작은술

부드러운 식감의 떠먹는 키슈
브로콜리 키슈

01 볼에 우유, 생크림, 달걀, 소금, 후춧가루를 넣고 골고루 섞는다.
오븐은 180℃(미니 오븐 동일)로 예열한다.

02 슬라이스 치즈는 껍질째로 사방 2.5cm 크기로 칼집을 낸다.
브로콜리는 한입 크기로 썰고, 베이컨은 0.5cm 두께로 썬다.

03 달군 팬에 식용유를 두르고 중간 불에서 베이컨을 넣고 1분, 브로콜리를 넣어 1분간 볶는다.

04 ①의 볼에 모든 재료를 넣고 섞는다.

05 내열 용기에 ④를 채운 후 180℃(미니 오븐 동일)로 예열된 오븐의 아래 칸에서
20~23분간 윗면이 노릇하게 될 때까지 굽는다.

06 오븐을 끄고 3분간 그대로 두어 오븐 속에 남아있는 열로 뜸을 들인다.

⏰ 30~35분 ┃ 🍽 2인분
168kcal

- 달걀 3개
- 오징어 1/4마리(60g)
- 양파 1/8개(25g)
- 쪽파 2줄기(20g)
- 소금 1/3작은술
- 후춧가루 약간
- 버터 약간(또는 식용유)

Tip 알아두세요

미니 머핀 틀이 없다면 6구
머핀 틀에 80%까지 채운 후
170℃(미니 오븐 동일)로 예열된
오븐에서 18~23분간 굽는다.

쫄깃한 오징어가 쏙쏙 박힌
미니 달걀컵구이

01 오븐은 170℃(미니 오븐 동일)로 예열한다. 오징어는 손질한 후 사방 1cm 크기로 썬다.
   양파는 잘게 다지고, 쪽파는 송송 썬다. ★ 오징어 손질하기 9쪽 참고

02 볼에 달걀, 소금, 후춧가루를 넣고 푼 후 오징어, 양파, 쪽파를 넣고 한 번 더 섞는다.

03 미니 머핀 틀 안에 버터를 바르고 ②를 부어 머핀 틀의 80%까지 채운다.

04 170℃(미니 오븐 동일)로 예열된 오븐의 가운데 칸에서 15~20분간 굽는다.

⏰ 30~35분 | 🍽 2~3인분
228kcal

- 달걀 3개
- 양송이버섯 4개(100g)
- 양파 1/4개(50g)
- 슬라이스 치즈 2장
- 베이컨 3줄(42g)
- 우유 1/4컵(50㎖)
- 소금 1/2작은술
- 후춧가루 약간
- 올리브유 1큰술(또는 식용유)

팬에서 익혀 그대로 먹는
버섯 베이컨 달걀구이

01 양송이버섯은 밑동을 제거하고 0.5cm 두께로 썰고, 양파는 0.5cm 두께로 채 썬다.

02 슬라이스 치즈는 껍질째 사방 1cm 크기로 칼집을 낸다. 베이컨은 1cm 두께로 썬다.

03 볼에 달걀, 우유, 소금, 후춧가루, 슬라이스 치즈를 넣어 골고루 섞는다.

04 달군 작은 팬에 올리브유를 두르고 양파, 베이컨을 넣고 중간 불에서 1분 30초간 볶는다.

05 양송이버섯을 넣고 1분 30초간 더 볶는다.

06 불을 아주 약하게 줄이고, ③을 붓는다. 뚜껑이나 알루미늄 포일로 덮고 10~12분간 익힌다.

⏱ 25~30분 | 🍽 2인분
156kcal

- 단호박 1/4개(200g)
- 슬라이스 치즈 4장
- 우유 3/4컵(150㎖)
- 소금 1/2작은술

찍어 먹을 재료
- 익힌 단호박 약간
- 크래커 약간
- 빵 또는 떡 약간

치즈를 넣어 풍미를 더한
단호박퐁듀

01 단호박은 껍질을 벗기고 숟가락으로 씨와 섬유질을 제거한 후 사방 2cm 크기로 썬다.

02 냄비에 단호박과 물(1컵)을 붓고 센 불에서 끓어오르면 중간 불로 줄여
5분간 삶은 후 체에 밭쳐 물기를 뺀다.

03 믹서에 단호박, 우유를 넣고 곱게 간다.

04 냄비에 ③을 붓고 센 불에서 가장자리가 끓어오르면 약한 불로 줄여
슬라이스 치즈를 넣고 저어가며 녹인다.
치즈가 다 녹으면 불을 끄고 소금을 넣어 섞는다.

05 찍어 먹을 재료들은 한입 크기로 썬 후 곁들인다.

66 아이들부터 할아버지, 할머니까지
온 가족이 함께 모이는
행복한 자리를 만들어주는 것이랍니다. **99**

– 조용은 독자님

고로케

도넛

치킨

튀김요리

고
로
케
·
도
넛
·
치
킨
·
튀
김
요
리

시럽을 따로 만들 필요가 없는 초간단 고구마맛탕

⏱ 30~35분 | 🍴 2인분 | 510kcal

- 고구마 2개(400g)
- 설탕 5큰술
- 식용유 2컵(400㎖)

<u>01</u> 고구마는 껍질을 벗긴 후 사방 2cm 크기로 썬다.

<u>02</u> 냄비에 고구마와 설탕을 넣은 다음 식용유를 붓고 중간 불에서 저어가며 끓인다.

<u>03</u> 끓어오르면 10분간 튀긴 후 고구마를 건져 넓은 그릇에 담아 식힌다. ★ 키친타월 위에 올리면 고구마가 달라붙으니 바로 그릇에 담는다.

감자의 맛과 영양을 듬뿍 느낄 수 있는 감자맛탕

⏱ 30~35분 | 🍴 2인분 | 234kcal

- 감자 2개(400g)
- 식용유 2컵(400㎖)
- 찬물 1큰술

시럽
- 설탕 2큰술
- 올리고당 1과 1/2큰술
- 식용유 1큰술
- 소금 약간

<u>01</u> 감자는 껍질을 벗긴 후 사방 2cm 크기로 썬다.

<u>02</u> 냄비에 감자와 감자가 잠길 정도의 물을 붓고 센 불에서 끓어오르면 중간 불로 줄여 5분간 삶는다. 체에 밭쳐 물기를 뺀다.

<u>03</u> 냄비에 식용유를 붓고 180℃가 되도록 중간 불로 끓인다. 감자를 넣고 7~8분간 튀긴 후 체에 밭쳐 기름을 뺀다. ★ 180℃는 감자를 넣었을 때 떠오르면서 잔기포가 많이 생기는 정도.

<u>04</u> 달구지 않은 팬에 시럽 재료를 넣고 팬을 기울여가며 중약 불에서 1분 30초간 설탕의 1/2분량이 녹아 투명해질 때까지 젓지 않고 녹인다.

<u>05</u> 감자를 넣고 중간 불로 올린 후 빠르게 섞어가며 1분간 볶는다.

<u>06</u> 찬물(1큰술)을 넣어 빠르게 섞은 후 식용유를 바른 그릇에 펼쳐 담는다.

한 겹씩 뜯어 상큼한 소스에 콕! 아코디언 감자튀김

⏱ 30~35분 | 🍴 2인분 | 287kcal

- 감자 2개(400g)
- 식용유 2컵(400㎖)
- 파마산 치즈가루 1큰술
- 소금 약간
- 파슬리 가루 약간(생략 가능)

소스
- 떠먹는 플레인 요구르트 4큰술
- 설탕 2작은술
- 머스터드 2작은술

<u>01</u> 감자는 반으로 썬다. 젓가락 사이에 감자를 두고 최대한 좁은 간격으로 칼집을 낸다.

<u>02</u> 감자는 찬물에 10분간 담가 전분기를 뺀 후 체에 밭쳐 물기를 뺀다. 볼에 소스 재료를 넣고 섞는다. ★ 감자는 키친타월로 물기를 제거해도 좋다.

<u>03</u> 냄비에 식용유를 붓고 180℃가 되도록 중간 불로 끓인다. ★ 180℃는 감자를 넣었을 때 떠오르면서 잔기포가 많이 생기는 정도.

<u>04</u> 감자를 넣고 중약 불로 줄인 후 뒤집어가며 8분간 튀긴 다음 키친타월에 올려 기름기를 뺀다.

<u>05</u> 그릇에 담고 파마산 치즈가루와 소금, 파슬리 가루를 골고루 뿌린 후 소스를 곁들인다.

⏰ 30~35분 | 🍽 2~3인분
107kcal/개

- 감자 1개(200g)
- 떡볶이 떡 10개(약 70g)
- 양파 1/4개(50g)
- 파프리카 1/4개(50g)
- 슬라이스 치즈 2장
- 베이컨 2줄(28g)
- 소금 1/4작은술
- 밀가루 3큰술
- 달걀 1개
- 빵가루 1/2컵
- 식용유 1큰술 + 1/2컵(100㎖)

떡볶이 떡이 숨어 있는~
떡고로케

<u>01</u> 감자는 껍질을 벗긴 후 사방 2cm 크기로 썬다. 냄비에 감자와 감자가 잠길 정도로
물을 붓고 센 불에서 끓어오르면 중간 불로 줄여 5분간 삶아 체에 밭쳐 물기를 뺀다.

<u>02</u> ①의 냄비를 씻은 후 물(2컵)을 끓인다.
끓어오르면 떡볶이 떡을 넣어 1분간 데친 후 체에 밭쳐 찬물에 헹군 후 물기를 뺀다.

<u>03</u> 양파, 파프리카, 베이컨, 슬라이스 치즈는 사방 0.5cm 크기로 썬다.

<u>04</u> 달군 팬에 식용유(1큰술)를 두르고 양파, 파프리카, 베이컨을 넣어 센 불에서 2분간 볶는다.

<u>05</u> 볼에 삶은 감자를 넣어 으깬 후 ④와 슬라이스 치즈, 소금을 넣어 골고루 섞는다.

<u>06</u> ⑤를 10등분한 후 가운데에 떡볶이 떡을 올려 감싼다. 같은 방법으로 9개 더 만든다.

<u>07</u> 깊이가 있는 넓은 접시 3개에 밀가루, 달걀, 빵가루를 각각 담고, 달걀은 잘 푼다.
⑥에 밀가루 → 달걀 → 빵가루 순으로 묻힌다.

<u>08</u> 달군 팬에 식용유(1/2컵)를 붓고 다시 달군 후 ⑦을 넣고 중간 불에서
젓가락으로 굴려가며 3분간 튀긴 후 체에 밭쳐 기름을 뺀다.

⏱ 30~35분 | 🍚 2~3인분
110kcal/개

- 감자 1과 1/2개(300g)
- 마요네즈 2큰술
- 카레가루 1작은술
- 소금 1/3작은술
- 후춧가루 약간
- 밀가루 3큰술
- 달걀 1개
- 빵가루 1/2컵
- 식용유 4큰술
- 파슬리 가루 1/2작은술
  (생략 가능)

Tip 팬에서 튀기기

오븐 대신 팬에서 튀겨도 좋다.
달군 팬에 식용유(1/2컵)를 붓고
다시 달군 후 ④번 과정까지
완성한 반죽을 넣고 중간 불에서
젓가락으로 뒤집어가며 3분간
튀긴 후 체에 밭쳐 기름을 뺀다.

오븐에 구워 더욱 담백한
카레고로케

01 감자는 껍질을 벗긴 후 사방 2cm 크기로 썬다. 냄비에 감자와 감자가 잠길 정도로
   물을 붓고 센 불에서 끓어오르면 중간 불로 줄여 5분간 삶아 체에 밭쳐 물기를 뺀다.
   오븐은 200℃(미니 오븐 동일)로 예열한다.

02 볼에 삶은 감자를 넣어 으깬 후 마요네즈, 카레가루, 소금, 후춧가루를 넣어
   골고루 섞는다.

03 ②를 9등분한 후 2×2×7cm 크기의 스틱 모양으로 만든다. 같은 방법으로 8개 더 만든다.

04 깊이가 있는 넓은 접시 3개에 밀가루, 달걀, 빵가루를 각각 담고, 달걀은 잘 푼다.
   빵가루에 파슬리 가루를 넣어 섞는다. ③에 밀가루 → 달걀 → 빵가루 순으로 묻힌다.

05 오븐 팬에 종이 포일을 깔고 식용유(1큰술)를 펴 바른 후 ④를 올린다.
   식용유(3큰술)를 고로케 위에 골고루 뿌린다.

06 200℃(미니 오븐 동일)로 예열된 오븐의 가운데 칸에서 10분간 구운 후 뒤집어
   10분간 더 굽는다.

틀 없이 타코야키를 만들어 볼까?

타코야키 고로케

⏱ 40~45분 | 🍽 3~4인분
52kcal/개

- 감자 2개(400g)
- 자숙문어 50g
- 오이고추 1개
- 양파 1/10개(20g)
- 베이컨 2줄(28g)
- 소금 1/4작은술
- 식용유 1컵(200㎖)

튀김옷
- 밀가루 1/4컵
  (중력분 또는 박력분, 25g)
- 달걀 1개
- 빵가루 1/2컵(25g)

소스
- 돈가스 소스 3큰술
- 마요네즈 3큰술
- 가쓰오부시 약 1/2컵(3g)

Tip 색다르게 즐기기

자숙문어 대신 마른 오징어 또는
말린 문어 1컵(30g)을 준비한다.
가위로 사방 0.7cm 크기로
잘라 물(1컵)에 10분간 불린 후
물기를 꼭 짠다.
과정 ④에 넣고 골고루 섞는다.

자숙문어 보관하기
자숙문어는 한 번에 먹을 양만큼
팁으로 썬 후 위생팩에 담아
냉동실에 넣어두면 한 달간
보관이 가능하다. 냉동 보관했던
자숙문어는 실온에서 1~2시간
해동한 후 버터(1큰술),
소금 약간, 후춧가루 약간과
함께 볶아 먹어도 좋다.

1 자숙문어는 사방 0.7cm 크기로 썬다.
감자는 껍질을 벗긴 후 사방 2cm
크기로 썬다. 냄비에 감자와 감자가
잠길 정도로 물을 붓고 센 불에서
끓어오르면 중간 불로 줄여 5분간 삶아
체에 밭쳐 물기를 뺀다. ★삶은 문어를
자숙문어라 하며 백화점이나 대형마트의
수산물 코너에서 구입할 수 있다.

2 오이고추는 길이로 2등분하여
씨를 제거하고 사방 0.5cm 크기로 썬다.
양파와 베이컨은 사방 0.5cm 크기로
썬다.

3 달군 팬에 베이컨을 넣고 중간 불에서
2분간 볶은 후 키친타월에 올려 기름기를
뺀다.

4 큰 볼에 ①의 감자를 넣고 포크로
곱게 으깬다. 자숙문어, 오이고추, 양파,
베이컨, 소금을 넣고 골고루 섞은 후 지름
2cm 크기의 동그란 모양으로 만든다.

5 깊이가 있는 넓은 접시 3개에 밀가루,
달걀, 빵가루를 각각 담고, 달걀은
잘 푼다. ④에 밀가루 → 달걀 → 빵가루를
순서대로 묻힌다. 냄비에 식용유를 붓고
180℃가 되도록 중간 불로 끓인다.
★180℃는 반죽을 넣었을 때 떠오르면서
잔기포가 많이 생기는 정도.

6 ⑤를 넣고 중약 불에서 2분간 노릇하게
튀긴 후 체에 밭쳐 기름을 뺀다.
그릇에 담고 돈가스 소스와 마요네즈를
얇게 뿌린 후 가쓰오부시를 올린다.
★짤주머니나 튜브형 소스 용기를
이용하면 예쁘게 뿌릴 수 있다.

229

맥주와 찰떡궁합을 자랑하는
칠리 치즈감자

고
로
케
·
도
넛
·
치
킨
·
튀
김
요
리

⏰ 30~35분 | 🍽 2~3인분
394kcal

- 감자 2개(400g)
- 슈레드 피자치즈 1큰술(7g)
- 식용유 3컵(600㎖) + 1큰술
- 소금 1/4작은술

칠리 소스
- 다진 쇠고기 150g
- 양파 1/4개(50g)
- 시판 토마토 스파게티 소스 5큰술
- 후춧가루 약간
- 핫소스 1큰술
- 슈레드 피자치즈 1큰술(7g)

밑간
- 다진 마늘 1큰술
- 청주 1큰술
- 소금 1/2작은술
- 후춧가루 1/2작은술

① 냄비에 감자 삶을 물(5컵)을 끓인다.
감자는 껍질을 벗긴 후 1×1×5cm
크기로 썰어 찬물(3컵)에 3분간 담가
전분기를 뺀 후 체에 밭쳐 물기를 뺀다.
양파는 사방 0.5cm 크기로 썬다.

② ①의 끓는 물에 감자를 넣고 5분간
삶은 후 체에 밭쳐 물기를 뺀다.
★ 감자를 물에 담가 전분기를 빼고 삶아
튀기면 더욱 바삭하게 즐길 수 있다.

③ 볼에 다진 쇠고기와 밑간 재료를 넣고
골고루 버무려 5분간 재운다.

④ 냄비에 식용유(3컵)를 붓고 180℃가
되도록 중간 불로 끓인다. 감자를 넣고
10분간 튀긴 후 체에 밭쳐 소금을 뿌리고
기름을 뺀다. ★ 180℃는 감자를 넣었을 때
떠오르면서 잔기포가 많이 생기는 정도.

⑤ 깊은 팬을 달궈 식용유(1큰술)를 두른 후
양파를 넣고 중약 불에서 30초,
다진 쇠고기를 넣고 중간 불로 올려 2분,
토마토 소스와 후춧가루를 넣고 2분간
볶는다. 핫소스와 피자치즈를 넣고 섞은
후 불을 끈다.

⑥ 그릇에 감자튀김을 담고
⑤의 소스를 올린 후 피자치즈를 뿌린다.
★ 기호에 따라 180℃(미니 오븐 동일)로
예열된 오븐의 가운데 칸에서 5분간
익혀도 좋다.

으깬 단호박과 인절미를 넣어 쫀득하게 즐기는
단호박춘권

고로케·도넛·치킨·튀김요리

⏰ 30~35분 | 🍽 2~3인분
125kcal/개

- 춘권피 7장
- 단호박 1/4개(200g)
- 호두 2큰술(20g)
- 인절미 3개
- 식용유 1큰술 + 1/2컵(100㎖)
- 슈레드 피자치즈 4큰술(28g)
- 꿀 2작은술(또는 올리고당,
  기호에 따라 가감)
- 소금 약간
- 밀가루 풀(밀가루 2큰술 +
  물 2큰술)

① 단호박은 껍질을 벗기고 숟가락으로
속의 씨와 섬유질을 긁어낸다. 사방 2cm
크기로 썰어 냄비에 단호박과
단호박이 잠길 정도로 물을 붓고
센 불에서 끓어오르면 중간 불로 줄여
5분간 삶아 체에 밭쳐 물기를 뺀다.

② 인절미는 사방 0.7cm 크기로 썬다.
호두는 키친타월에 올려 굵게 다진다.
달군 팬에 호두를 넣어 약한 불에서
3분간 볶는다.

③ 볼에 단호박을 넣어 숟가락으로 으깨고
식용유(1큰술), 인절미, 호두, 피자치즈,
꿀, 소금을 넣고 골고루 섞는다.

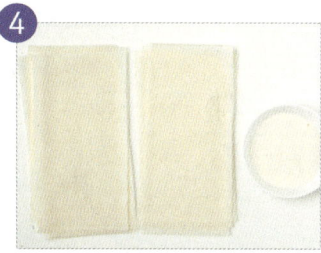

④ 춘권피는 2등분한다. 작은 볼에
밀가루 풀 재료를 넣어 골고루 섞는다.

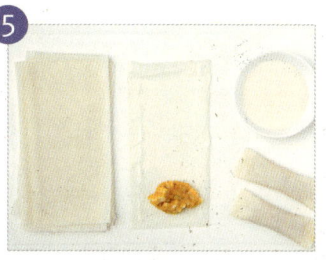

⑤ 춘권피의 가장자리에 밀가루 풀을 바른 뒤
③의 1/14분량을 올린 후
돌돌 말아 손으로 양끝을 눌러 붙인다.
같은 방법으로 13개 더 만든다.
★ 밀가루 풀을 넉넉히 발라 붙여야
튀길 때 터지지 않는다.

⑥ 달군 팬에 식용유(1/2컵)를 붓고 다시
달군 후 춘권을 올려 중간 불에서 2분간
튀기듯이 굽고 뒤집어 1분간 더 굽는다.
체에 밭쳐 기름을 뺀다.

233

🖐 Tip 알아두세요
춘권피는 중국 만두의 하나인
춘권을 만들 때 사용하는
반죽으로 주로 튀겨서 바삭하게
즐긴다. 중국 식재료 전문점이나
인터넷 식재료 쇼핑몰에서
구입할 수 있다.

고소하고 진한 풍미가 쭈욱~ 늘어나는
마늘 치즈스틱

고로케 · 도넛 · 치킨 · 튀김요리

⏱ 25~30분 | 🍽 2~3인분
139kcal/개

- 치즈
  (생 모짜렐라 또는 스트링치즈,
  슈레드 피자치즈 등) 200g
- 라이스 페이퍼 8장
- 다진 마늘 1과 1/2큰술
- 달걀 1개
- 빵가루 1컵(50g)
- 파슬리 가루 약간(생략 가능)
- 밀가루 1/4컵(25g)
- 식용유 1/4컵(50㎖)

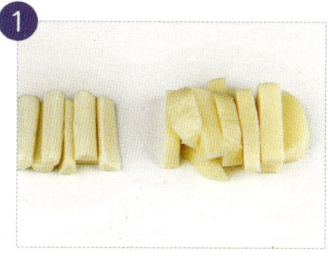

치즈는 1×1×5cm 크기로 썬다.
★ 스트링치즈를 사용할 경우
2등분한 후 다시 길이대로 2등분한다.
치즈에 따라 한입 크기로 썰어도 좋다.
슈레드 피자치즈를 사용할 경우
과정 ①은 생략한다.

볼에 ①의 치즈를 담고 다진 마늘을 넣어
골고루 섞는다. 다른 볼에 달걀을 잘 풀고,
또 다른 볼에 빵가루와 파슬리 가루를
넣어 섞는다.

큰 볼에 뜨거운 물(2컵), 찬물(2컵)을 담고
라이스 페이퍼를 10~20초간 담갔다가
접시나 도마에 올린다.

③의 라이스 페이퍼에 ②의 치즈를
1/8분량씩 올린다. 라이스 페이퍼 양옆을
접어 붙인 다음 아랫부분을 잡고 돌돌
만다. 같은 방법으로 7개 더 만든다.

④를 밀가루 → 달걀물 순서로 골고루
묻힌 후 빵가루를 꾹꾹 눌러 묻힌다.

달군 팬을 식용유를 붓고 다시 달군 후
⑤를 올려 중간 불에서 1분 30초~
1분 50초간 튀기듯이 굽고 뒤집어
1분 30초간 너 굽는다. 체에 밭쳐
기름을 뺀다.

⏰ 30~35분 ┃ 🍽 2~3인분
52kcal/개

- 사과 2개(400g)
- 밀가루 3큰술
- 식용유 2컵(400㎖)
- 설탕 2큰술(기호에 따라 가감)
- 계핏가루 1/2작은술
  (또는 코코아가루 1작은술,
  기호에 따라 가감)

반죽
- 달걀 1개
- 설탕 1큰술
- 밀가루 1/2컵(중력분, 100g)
- 베이킹파우더 1/2작은술
- 소금 약간
- 물 4큰술

\\\\
Tip 알아두세요
튀김 반죽에 베이킹파우더를
넣으면 튀길 때 반죽 옷이
부풀어올라 더욱 부드러운
튀김옷이 되어 익은 사과의
식감과 한층 잘 어울린다.

폭신하고 부드러운 반죽이 사과와 잘 어울리는
시나몬향 사과튀김

01 큰 볼 2개에 달걀의 흰자와 노른자를 나눠 담는다. 달걀흰자는 거품기로 빠르게 저어
잔거품이 생기기 시작하면 설탕(1큰술)을 넣고 거품이 전체적으로 하얗게 변할 때까지
충분히 섞는다. ★ 핸드믹서의 거품기를 사용해도 좋다.

02 달걀노른자가 담긴 볼에 나머지 반죽 재료를 넣고 거품기로 골고루 섞는다.
①의 달걀흰자 거품을 붓고 주걱으로 골고루 섞는다.

03 사과는 반을 썰어 씨 부분을 제거하고 껍질째 웨지모양으로 8등분한다.
★ 사과의 크기가 클 경우 두꺼운 부분의 두께가 2cm가 되도록 10~12등분한다.

04 위생팩에 밀가루(3큰술), 사과를 넣어 골고루 묻힌 뒤 ②의 반죽을 골고루 묻힌다.

05 냄비에 식용유를 붓고180℃가 되도록 중간 불로 끓인다. ④의 사과 1/3분량을 넣고
1~2분간 튀긴 뒤 체에 밭쳐 기름을 뺀다. 나머지 사과도 같은 방법으로 튀긴다.
★ 180℃는 반죽을 넣었을 때 떠오르면서 잔기포가 많이 생기는 정도.

06 넓은 접시에 설탕(2큰술), 계핏가루를 담아 골고루 섞은 후 ⑤에 묻힌다.

⏲ 30~35분 | 🍽 2~3인분
399kcal

• 멜론 1/2통(1kg)
• 식용유 2컵(400㎖)
• 슈거파우더 1큰술(생략 가능)

반죽
• 달걀흰자 1개분
• 녹말가루 5큰술(50g)
• 소금 1/4작은술

달콤한 멜론 과즙을 한껏 머금은
멜론튀김

01 숟가락으로 멜론의 씨 부분을 제거한다.
　 스쿱(지름 2.5cm 크기) 또는 작은 숟가락을 이용해 과육을 동그란 모양으로 파낸다.
　 키친타월에 올려 물기를 제거한다.

02 큰 볼에 반죽 재료를 넣고 골고루 섞는다.

03 ②에 멜론을 넣어 반죽을 묻힌다.

04 냄비에 식용유를 붓고 180℃가 되도록 중간 불로 끓인다.
　 ③의 멜론을 넣어 1분간 튀긴 후 체에 밭쳐 기름을 뺀다.
　 ★ 180℃는 반죽을 넣었을 때 떠오르면서 잔기포가 많이 생기는 정도.

05 그릇에 ④를 담고 슈거파우더를 뿌린다.

쫄깃한 도넛 속에 무엇을 넣을까?

세 가지 찹쌀도넛

⏱ 35~40분 | 🍽 3~4인분
102kcal/개

- 찹쌀 도넛 믹스 1/2봉(250g)
  (달걀, 물, 식용유는 제품 포장지에
  적힌 분량대로 넣는다.)
- 식용유 2컵(400㎖)
- 슈거파우더 약간(생략 가능)

강낭콩 소(18개분)
- 통조림 강낭콩 1캔(432g)
- 설탕 4큰술
- 소금 약간

치즈 소(18개분)
- 스트링 치즈 9개(270g)

바나나 소(18개분)
- 바나나 2개(200g)
- 계핏가루 2작은술
  (또는 코코아가루,
  기호에 따라 가감)

3가지 소 중 원하는 것을 선택해 만든다.
강낭콩 소 통조림 강낭콩은 체에 밭쳐
흐르는 물에 헹궈 물기를 충분히 뺀다.
볼에 강낭콩, 설탕, 소금을 넣고 국자의
뒷부분으로 눌러 으깬다.

치즈 소 스트링치즈는 2등분한다.
바나나 소 바나나는 사방 1cm 크기로
썰어 볼에 담고 계핏가루와 함께
버무린다. ★ 세 가지 소를 모두 만들 경우
소의 양을 각각 1/3씩으로 조절한다.

볼에 찹쌀 도넛 믹스, 달걀, 물, 식용유를
넣어 한 덩어리가 되도록 반죽한 후
18등분한다. 반죽은 송편을 빚듯이
엄지손가락으로 가운데 소를 넣을 공간을
움푹하게 만든다.

소를 1큰술씩(치즈 소는 치즈 1조각) 넣고
반으로 접어 이음매를 눌러 붙인다.

냄비에 식용유(2컵)를 붓고 180℃가
되도록 중간 불로 끓인다. ★ 180℃는
반죽을 넣었을 때 떠오르면서 잔기포가
많이 생기는 상태.

④를 넣고 젓가락으로 굴려가며 3분간
튀긴 후 체에 밭쳐 기름을 뺀다. 접시에
담고 기호에 따라 슈거파우더를 뿌려도
좋다. ★ 냄비의 크기에 따라 빈죽을 나눠
튀긴다. 기름이 지나치게 달아오르면 약한
불로 줄였다 다시 중간 불로 올려 튀긴다.

우리 가족을 위한 건강 도넛
검은깨 두부도넛

⏱ 35~40분 | 🍽 3~4인분
63kcal/개

- 시판 찹쌀가루 130g
- 밀가루 50g(중력, 다목적용)
- 검은깨 20g
- 두부 큰 팩 1/6모(찌개용, 50g)
- 설탕 20g
- 소금 2g
- 베이킹 파우더 3g
- 두유 100g
- 식용유 1큰술 + 2컵(400㎖)
- 꿀 약간

1 검은깨의 1/2분량은 푸드프로세서에 넣어 갈거나 위생팩 또는 지퍼백에 넣고 밀대로 밀어 곱게 부순다.

2 두부는 칼 옆면으로 으깬 후 젖은 면보에 감싸 물기를 꼭 짠다.

3 볼에 찹쌀가루, 밀가루, ①의 검은깨, 나머지 검은깨, 설탕, 소금, 베이킹 파우더를 넣고 섞는다.

4 두유는 내열 용기에 담아 전자레인지 (700W)에서 20초간 데운 후 ③에 넣고 손으로 치대며 반죽한다. 반죽이 손에 묻어나지 않으면서 찰기가 생기면 식용유(1큰술)를 넣고 반죽한다.

241

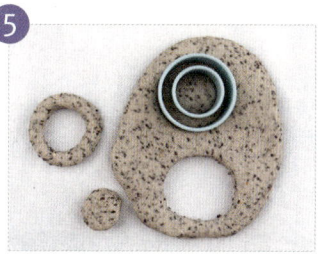

5 반죽을 밀대로 0.5cm 두께로 민 후 지름 6cm 크기의 도넛 틀로 찍는다.
★ 도넛 틀이 없다면 크기가 서로 다른 두개의 원형 틀을 이용해 큰 원형 틀 안에 작은 원형 틀을 찍어도 좋다.

6 냄비에 식용유(2컵)을 붓고 중 180℃가 되도록 중간 불로 끓인다. ⑤를 넣고 1분 30초간 튀긴 후 체에 밭쳐 기름을 뺀다. 반죽이 달라붙지 않도록 여러 번으로 나눠 튀긴다. 취향에 따라 꿀에 찍어 먹는다. ★ 180℃는 반죽을 넣었을 때 떠오르면서 잔기포가 많이 생기는 정도다.

Tip 오븐에서 굽기(54kcal/개)
도넛을 튀기지 않고 담백하게 즐기려면 종이 포일을 깐 오븐 팬에 ⑤의 링 모양 반죽을 서로 붙지 않도록 1cm 간격으로 올린다. 붓을 이용해 반죽에 식용유를 발라 구워도 좋다. 180℃(미니 오븐 170℃)로 예열된 오븐의 가운데 칸에서 13~15분간 노릇하게 굽는다.

상큼한 귤 향이 가득한~
귤추로스

⏰ 35~40분 | 🍽 4~5인분
96kcal/개

- 귤 껍질 3개분(35g)
- 밀가루 200g(중력, 다목적용)
- 달걀 100g(2개분)
- 우유 1컵(또는 물, 200㎖)
- 버터 50g
- 설탕 20g
- 소금 2g
- 식용유 3컵(600㎖)

계피설탕
- 설탕 1/3컵(70g)
- 계핏가루 1/2작은술(생략 가능)

① 귤 껍질은 끓는 소금물(물 2컵 + 소금 1작은술)에 넣어 30초간 데친다. 귤 껍질 속의 하얀 부분을 저며낸 후 노란 부분만 곱게 다진다. ★ 흰 부분에는 귤의 향이 적고 수분이 많아 사용하지 않는다. 껍질이 얇은 귤이면 그냥 사용해도 좋다.

② 냄비에 우유, 버터, 설탕, 소금을 넣어 젓지 않고 중간 불에서 바글바글 끓어오르면 불을 끈다. 냄비에 밀가루를 넣고 거품기로 골고루 섞는다.

③ 볼에 달걀을 넣고 잘 푼다. 냄비에 달걀을 2~3회에 나눠 넣으면서 주걱으로 골고루 섞는다. 냄비에 귤 껍질을 넣고 골고루 섞는다.

④ 짤주머니에 별모양 깍지를 끼우고 ③의 반죽을 넣는다. 냄비에 식용유를 붓고 160℃가 되도록 중간 불에서 끓인다. ★ 160℃는 반죽을 넣었을 때 바닥에 닿았다가 떠오르면서 잔기포가 생기는 정도.

243

Tip 오븐에서 굽기

④의 과정 후 오븐 팬에 종이 포일을 깔고 15cm 길이로 길게 짠 후 조리용 붓 또는 위생장갑 낀 손으로 식용유를 겉면에 바른다. 170℃(미니 오븐 동일)로 예열한 오븐의 가운데 칸에서 12~13분간 굽는다.

색다르게 즐기기

귤 껍질 대신에 레몬이나 오렌지 껍질을 사용해도 좋다. 완성된 추로스는 바닐라 아이스크림에 곁들이거나 초콜릿 시럽에 찍어 먹어도 별미다.

⑤ 추로스 반죽을 15cm 길이로 짠 다음 섯가락으로 끝 부분을 자른다. 반죽이 황금색이 나도록 2~3분간 튀긴다. ★ 반죽이 많으므로 여러 번 나누어 튀긴다.

⑥ 넓은 접시에 계피설탕 재료를 넣고 숟가락으로 섞은 후 튀겨낸 추로스의 겉에 묻힌다.

⏱ 25~30분 | 🍽 2~3인분
90kcal/개

- 새우 16마리(중하, 320g)
- 만두피 16장(지름 9cm)
- 식용유 1/2컵(100㎖)

밑간
- 청주 1작은술
- 소금 1/3작은술
- 후춧가루 1/4작은술

레몬 요구르트 딥
- 다진 양파 3큰술(30g)
- 떠먹는 플레인 요구르트 3큰술
- 마요네즈 3큰술
- 레몬즙 1작은술(기호에 따라 가감)
- 꿀 1작은술(기호에 따라 가감)
- 소금 약간

만두피에 돌돌 말아 바삭하게 튀긴
새우말이튀김

01 새우는 머리를 뗀 후 꼬리 부분 한 마디를 남겨두고 껍질을 벗긴다.
　　★ 새우 손질하기 9쪽 참고

02 새우의 배 쪽에 칼집 3개를 낸 후 밑간에 버무린다.
　　★ 칼집을 내면 새우를 튀겼을 때 구부러지지 않는다.

03 볼에 레몬 요구르트 딥 재료를 넣어 골고루 섞는다.

04 ②의 새우를 만두피의 끝에 올려 돌돌 만 다음 만두피의 끝부분에 물을 묻혀 붙인다.

05 달군 팬에 식용유를 붓고 다시 달군 후 ④의 새우를 넣고 중약 불에서 4~5분간 튀기듯이
　　굽는다. 체에 밭쳐 기름을 뺀다.

06 접시에 ⑤를 담고 레몬 요구르트 딥을 곁들인다.

⏰ 35~40분 ┃ 🍽 2~3인분
308kcal

- 오징어 1마리(240g)
- 양파 1/8개(25g)
- 피망 1/4개(25g)
- 대파(흰 부분) 5cm
- 식용유 1컵(200㎖)

반죽
- 밀가루 1큰술
- 녹말가루 3큰술
- 달걀물 2큰술
- 소금 1/3작은술
- 다진 마늘 1작은술
- 후춧가루 약간

허니 머스터드 소스
- 레몬즙 1/2큰술
- 마요네즈 2큰술
- 머스터드 1큰술
- 꿀 1큰술

쫄깃한 오징어와 향긋한 채소를 섞어 만든
오징어볼

01 볼에 허니 머스터드 소스 재료를 넣고 골고루 섞는다.

02 오징어는 손질한 후 껍질을 벗긴다. 몸통은 4등분하고 다리는 2등분한다.
　★ 오징어 손질하기 9쪽 참고

03 푸드프로세서에 양파, 피망, 대파를 넣고 굵게 간 후 체에 밭쳐 물기를 뺀다.
　★ 채소의 물기를 제거해야 반죽이 질척거리지 않고 잘 뭉쳐진다.

04 ③의 푸드프로세서를 씻은 후 오징어와 반죽 재료를 모두 넣고 곱게 간다.
　볼에 ③의 채소와 ④를 넣고 골고루 섞는다.

05 위생장갑을 낀 후 손바닥에 식용유를 조금씩 묻혀 가며 ④의 반죽을
　지름 2cm 크기로 동그랗게 빚는다.

06 냄비에 식용유를 붓고 180℃가 되도록 중간 불로 끓인다. ⑤를 넣고
　젓가락으로 굴려가며 3분간 튀긴 후 체에 밭쳐 기름을 뺀다.
　★ 180℃는 반죽을 넣었을 때 떠오르면서 잔기포가 많이 생기는 정도.

③

⑤

⑥

부드러운 돼지고기 안심을 한입 크기로 튀긴
돼지고기강정 hot🌶

⏱ 40~45분 | 🍽 2~3인분
486kcal

- 돼지고기 안심 300g
- 아몬드 슬라이스 2큰술
  (10g, 생략 가능)
- 식용유 2컵(400㎖)

밑간
- 소금 1/2작은술
- 다진 마늘 1작은술
- 다진 생강 1/3작은술
- 청주 2작은술
- 후춧가루 약간
- 물 2큰술

반죽
- 달걀흰자 1개분
- 녹말가루 7큰술
- 청주 1큰술

양념
- 설탕 1과 1/2큰술
- 고춧가루 1/2큰술
- 다진 마늘 1/2큰술
- 청주 1큰술
- 토마토케첩 2큰술
- 꿀(또는 올리고당) 2큰술
- 고추장 1큰술

\\\ ///
Tip 알아두세요
아이들과 함께 먹으려면
고춧가루는 생략, 고추장은
1/2큰술로 줄이고,
토마토케첩을 1큰술 더 넣는다.

1
돼지고기는 사방 3cm 크기로 썬다.
볼에 물을 제외한 밑간 재료, 돼지고기를
섞은 후 물을 1큰술씩 넣으면서
조물조물 버무려 15분간 재운다.
★ 물을 조금씩 넣으면서 버무려
흡수시키면 고기가 한층 부드러워진다.

2
다른 볼에 반죽 재료를 고루 섞은 후
①의 돼지고기를 넣고 섞는다.

3
냄비에 식용유를 붓고 180℃가 되도록
중간 불로 끓인다. 돼지고기를 1/3분량씩
넣고 2분씩 튀긴 후 체에 밭쳐 기름을 뺀다.
★ 180℃는 반죽을 넣었을 때 떠오르면서
잔기포가 많이 생기는 정도.

4
③의 냄비를 센 불로 올려 30초간 끓인
후 돼지고기를 1/3분량씩 넣어 2분씩
더 튀긴 후 키친타월에 올려 기름기를
뺀다.

5
깊은 팬에 양념 재료를 넣어 섞고
중간 불에서 가장자리가 끓어오르면
저어가며 1분간 조린 후 불을 끈다.

6
⑤의 팬에 ④의 돼지고기를 넣어
골고루 섞는다. 접시에 담고 아몬드
슬라이스를 뿌린다.

집어 먹기 간편하고 살이 부드러워 남녀노소 누구나 좋아하는

간장 양념 닭날개튀김

⏱ 35~40분 | 🍽 2인분
692kcal

- 닭날개 14개
  (또는 닭다리살, 350g)
- 녹말가루 5큰술
- 식용유 1컵(200㎖)

밑간
- 청주 2큰술
- 소금 1/2작은술
- 후춧가루 1/4작은술
- 다진 생강 1작은술

양념
- 설탕 2큰술
- 청주 2큰술
- 양조간장 1과 1/2큰술
- 꿀 1큰술
- 청양고추 1개
  (기호에 따라 가감)

파프리카 무침
- 미니 파프리카 3개
  (또는 파프리카 1/2개, 80g)
- 설탕 1큰술
- 식초 1큰술
- 소금 1/3작은술

1 닭날개에 칼집을 3~4곳씩 깊게 낸 후 밑간에 10분간 재운다.

2 미니 파프리카는 모양대로 0.3cm 두께로 썬 후 씨를 빼고, 청양고추는 얇게 어슷 썬다. ★ 일반 파프리카를 사용한다면 0.5cm 두께로 채 썬다.

3 볼에 파프리카 무침 재료를 섞는다. 다른 볼에 양념 재료를 섞는다.

4 위생팩에 녹말가루와 ①의 닭날개를 넣어 꾹꾹 눌러가며 겉면에 녹말가루를 골고루 묻힌다.

5 깊은 팬에 식용유를 붓고 180℃가 되도록 중간 불로 끓인다. ④를 넣고 뒤집어 가면서 8분간 노릇하게 튀긴 후 체에 받쳐 기름을 뺀다. ★ 180℃는 닭날개를 넣었을 때 떠오르면서 잔기포가 많이 생기는 정도.

6 다른 깊은 팬에 ③의 양념을 넣고 중간 불에서 끓어오르면 중약 불로 줄여 3분간 끓인다. ⑤를 넣고 30초간 볶아 양념이 골고루 배면 불을 끈다. 파프리카 무침을 곁들인다.

249

Tip 색다르게 즐기기
닭날개 대신 닭다리살을 사용할 경우 ①의 과정에서 한입 크기로 썬 후 밑간에 재운다. ⑤의 과정에서 5분간 튀긴 후 완성한다.

사 먹는 치킨처럼 새콤달콤한 양념치킨의 맛!

마늘치킨

⏱ 40~45분 | 🍽 2인분
508kcal

- 닭봉 10개(350g)
- 마늘 4쪽(20g)
- 튀김가루 5큰술
- 식용유 2컵(400㎖)

밑간
- 다진 마늘 2큰술
- 양조간장 1큰술
- 후춧가루 1/4작은술

반죽
- 튀김가루 1/2컵
- 물 2/5컵(80㎖)

마늘 소스
- 다진 마늘 2큰술
- 물 3큰술
- 돈가스 소스 6큰술
- 스위트 칠리 소스 1큰술
  (또는 토마토케첩 1큰술 +
  올리고당 1작은술)
- 올리고당 2와 1/2큰술
- 청주 2작은술
- 식용유 1/2작은술

마늘을 0.3cm 두께로 편 썬다.
닭봉은 뼈까지 닿도록 깊숙이 2군데씩
칼집을 낸 후 볼에 담고 밑간에 버무려
10분간 재워둔다.

깊이가 있는 접시에 튀김가루를 담고
큰 볼에 반죽 재료를 넣고 섞는다.
닭봉에 튀김가루를 골고루 묻힌 후
반죽을 입힌다.

냄비에 식용유(2컵)를 붓고 180℃가
되도록 중간 불로 끓인다. 마늘을 넣고
1분간 튀긴 후 키친타월에 올려 기름을
뺀다. ★ 180℃는 마늘을 넣었을 때
떠오르면서 잔기포가 많이 생기는 정도.

③의 냄비에 닭봉을 넣고 5분간 튀긴 후
건져낸다. 다시 넣고 긴 나무젓가락으로
살이 두꺼운 부분을 찔러주며 3분간 더
튀긴 후 체에 밭쳐 기름을 뺀다.

다진 마늘과 식용유를 제외한 마늘
소스 재료를 모두 섞는다. 냄비에
식용유(1/2작은술)를 두르고 다진
마늘(2큰술)을 넣어 약한 불에서
30초간 볶는다. 나머지 마늘 소스를
넣고 2분간 끓인다.

⑤의 냄비에 ④를 넣고 1분간 버무린
후 불을 끈다. 접시에 담고 튀긴 마늘을
뿌린다.

고소한 검은깨와 새콤한 레몬즙으로 만든 소스가 별미인

검은깨치킨

고로케·도넛·치킨·튀김요리

⏰ 35~40분 | 🍲 2~3인분
574kcal

- 닭다리살 5와 1/2쪽(500g)
- 녹말가루 1/2컵(70g)
- 달걀 1개
- 식용유 2컵(400㎖)

밑간
- 다진 마늘 1큰술
- 다진 생강 1/2큰술
- 맛술 2큰술
- 소금 1/2작은술
- 후춧가루 약간

검은깨 소스
- 검은깨 1/2컵(또는 통깨, 50g)
- 설탕 1과 1/2큰술
- 레몬즙 2큰술
- 양조간장 1과 1/2큰술
- 양파 1/20개(10g)

닭다리살은 사방 3~4cm 크기의 한입 크기로 썬다. 볼에 닭다리살과 밑간 재료를 넣고 버무려 10분간 재운다.
★ 기호에 따라 닭 껍질을 벗겨도 좋다.

푸드프로세서에 검은깨를 넣고 먼저 간 후 나머지 소스 재료를 모두 넣어 곱게 간다.
★ 검은깨를 위생팩 또는 지퍼백에 담아 밀대로 밀어 으깨도 좋다.

①의 볼에 녹말가루, 달걀을 넣어 위생장갑을 끼고 골고루 버무린다.

냄비에 식용유(2컵)를 붓고 180℃가 되도록 중간 불로 끓인다. ③을 1/3분량씩 넣고 3분씩 튀긴 후 체에 밭쳐 기름을 뺀다.
★ 180℃는 반죽을 넣었을 때 떠오르면서 잔기포가 많이 생기는 정도.

253

냄비를 다시 센 불로 올려 30초간 끓인 후 튀긴 닭다리살을 1/2분량씩 넣고 2분씩 더 튀긴 후 키친타월에 올려 기름기를 뺀다.

큰 볼에 검은깨 소스와 튀긴 닭다리살을 넣고 숟가락 2개를 이용해 골고루 버무린다.

보들보들한 닭가슴살과 딸기잼 소스가 잘 어울리는
딸기잼 소스의 순살치킨

⏰ 30~35분 | 🍽 2~3인분
693kcal

- 닭가슴살 2와 1/쪽(250g)
- 밀가루 3큰술
- 달걀 1개
- 빵가루 2/3컵
- 식용유 1/2컵(100㎖)

밑간
- 소금 2/3작은술
- 후춧가루 1/2작은술

딸기잼 소스
- 양파 3/4개(150g)
- 방울토마토 10개(150g)
- 버터 2큰술
- 딸기잼 2큰술
- 식초 3큰술
- 소금 1/3작은술
- 꿀 1작은술

① 양파는 사방 0.7cm 크기로 썰고, 방울토마토는 열십(+)자로 4등분한다.

② 닭가슴살은 반으로 저민다. 칼끝으로 3~4군데 찌른 후 밑간한다.

③ 약한 불로 달군 팬에 버터를 넣어 녹인 후 중간 불로 올려 양파를 넣고 3분간 볶는다. 방울토마토를 넣어 흐물흐물해질 때까지 3분간 더 볶는다.

④ 딸기잼과 식초, 소금, 꿀을 넣고 3분간 저어가며 끓인다.

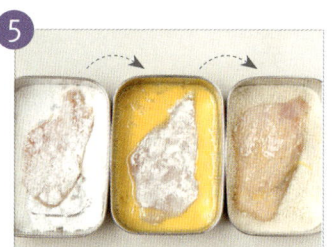

⑤ 깊이가 있는 넓은 접시 3개에 밀가루, 달걀, 빵가루를 각각 담고, 달걀은 잘 푼다. ②에 밀가루 → 달걀 → 빵가루를 순서대로 묻힌다.

⑥ 달군 팬에 식용유를 붓고 다시 달군 후 ⑤를 올려 중약 불에서 앞뒤로 각각 3분씩 노릇하게 튀기듯이 굽는다. 체에 밭쳐 기름을 빼고 한김 식힌 후 2cm 두께로 썬다. 접시에 담고 딸기잼 소스를 곁들인다. ★ 튀기는 중간에 3~4군데를 젓가락으로 찔러주면 더 잘 익는다.

⏰ 30~35분 | 🍽 2~3인분
279kcal

- 닭안심 8쪽(200g)
- 밀가루 3큰술
- 달걀 1개
- 빵가루 1컵
- 파슬리 가루 1/2작은술
  (생략 가능)
- 식용유 3컵(600㎖)
- 토마토케첩 약간

밑간
- 청주 1큰술
- 소금 1작은술
- 설탕 1/2작은술
- 다진 생강(또는 생강가루)
  1/2작은술
- 후춧가루 약간

부드러운 치킨을 한입에 쏙쏙~
팝콘치킨

01 닭안심은 칼로 힘줄을 제거하고 사방 2cm 크기로 썬 후 밑간에 버무린다.

02 깊이가 있는 넓은 접시 3개에 밀가루, 달걀, 빵가루를 각각 담고, 달걀은 잘 푼다.
빵가루에 파슬리 가루를 넣어 섞는다.

03 ①의 닭안심에 밀가루 → 달걀 → 빵가루를 순서대로 묻힌다.

04 냄비에 식용유를 붓고 180℃가 되도록 중간 불로 끓인다.
★ 180℃는 닭안심을 넣었을 때 떠오르면서 잔기포가 많이 생기는 정도.

05 중약 불로 줄여 ③을 넣고 5~6분간 튀긴 후 체에 받쳐 기름을 뺀다.
★ 기호에 따라 토마토케첩을 곁들인다.

우리 가족에게 간식이란?

"한창 크는 아이를 위해 간식을 꼭 챙겨줘요.
사랑하는 우리 아이에게 간식은
밥 먹고 먹는 입가심 같은 존재예요."

- 이미선 독자님

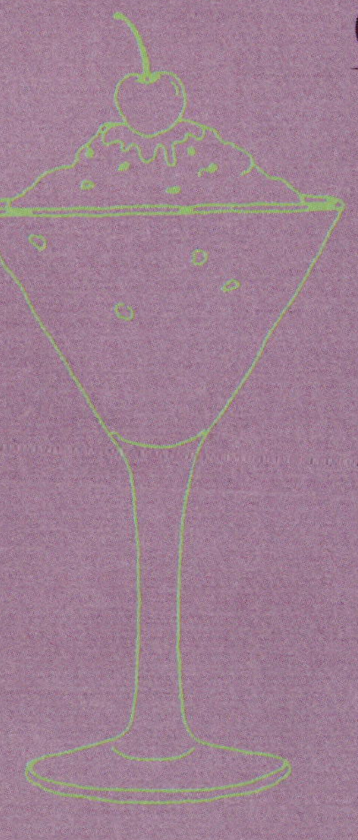

아이스크림

빙수

음료

▼ 초콜릿아이스크림

▼ 블루베리아이스크림

◀ 파인애플 요구르트
아이스크림

아
이
스
크
림
·
빙
수
·
음
료

초콜릿 우유처럼 부드러운 초콜릿아이스크림

⏰ 15~20분(+ 얼리기 12시간)
🍽 4인분 | 295kcal

- 다크커버춰 초콜릿 50g
  (또는 일반 초콜릿)
- 우유 1과 1/4컵(250㎖)
- 생크림 3/4컵(150㎖)
- 설탕 5큰술

01 다크커버춰 초콜릿은 잘게 다진다. ★ 일반 초콜릿을 사용할 경우 단맛이 더 강하므로 기호에 따라 설탕의 양을 가감한다.

02 냄비에 우유를 붓고 약한 불에서 끓인다. 가장자리가 끓어오르면 불을 끄고 ①을 넣어 녹인 후 볼에 옮겨 담아 식힌다.

03 볼에 생크림을 붓고 설탕을 2~3번 나눠 넣고 단단한 뿔이 생길 때까지 거품기로 한쪽 방향으로 젓는다.

04 ③을 ②에 넣어 거품기로 골고루 섞는다.

05 밀폐 용기에 ④를 붓고 뚜껑을 덮거나 랩을 씌워 냉동실에서 3시간 동안 얼린다.

06 살짝 언 아이스크림을 포크로 골고루 긁어 섞은 후 다시 냉동실에 넣어 3시간 동안 얼린다. 이 과정을 3번 더 반복한다.

연유의 은은한 단맛이 어울리는 블루베리아이스크림

⏰ 15~20분(+ 얼리기 12시간)
🍽 4인분 | 219kcal

- 냉동 블루베리 1컵(100g)
- 설탕 3큰술
- 우유 1/4컵(50㎖)
- 레몬즙 2큰술
- 생크림 3/4컵(150㎖)
- 연유 2큰술(또는 올리고당, 30g)

01 푸드프로세서에 냉동 블루베리, 설탕, 우유, 레몬즙을 넣고 블루베리의 입자가 보일 정도로 간다.
   ★ 냉동 블루베리 대신 냉동 딸기나 복숭아 통조림을 넣어도 잘 어울린다.

02 볼에 생크림을 붓고 연유를 2~3번 나눠 넣고 단단한 뿔이 생길 때까지 거품기로 한쪽 방향으로 젓는다.

03 ②를 ①에 넣어 거품기로 골고루 섞는다.

04 밀폐 용기에 ③을 붓고 뚜껑을 덮거나 랩을 씌워 냉동실에서 3시간 동안 얼린다.

05 살짝 언 아이스크림을 포크로 골고루 긁어 섞은 후 다시 냉동실에 넣어 3시간 동안 얼린다. 이 과정을 3번 더 반복한다.

셔벗처럼 즐기는 파인애플 요구르트아이스크림

⏰ 15~20분(+ 얼리기 12시간)
🍽 4인분 | 213kcal

- 파인애플링 3개(300g)
- 떠먹는 플레인 요구르트 2통(170g)
- 우유 1/3컵(80㎖)
- 레몬즙 1큰술
- 생크림 1/2컵(100㎖)
- 설탕 5큰술

01 파인애플은 사방 0.3cm 크기로 잘게 다진 후 볼에 담고 생크림과 설탕을 제외한 모든 재료와 골고루 섞는다. ★ 파인애플 대신 키위나 냉동 망고를 사용해도 좋다. 통조림 파인애플을 사용할 경우 설탕을 3큰술로 줄인다.

02 볼에 생크림을 붓고 설탕을 2~3번 나눠 넣고 단단한 뿔이 생길 때까지 거품기로 한쪽 방향으로 젓는다.

03 ②를 ①에 넣어 거품기로 골고루 섞는다.

04 밀폐 용기에 ③을 붓고 뚜껑을 덮거나 랩을 씌워 냉동실에서 3시간 동안 얼린다.

05 살짝 언 아이스크림을 포크로 골고루 긁어 섞은 후 다시 냉동실에 넣어 3시간 동안 얼린다. 이 과정을 3번 더 반복한다.

- 우유 1/4컵(50㎖)
- 생식 두부 1팩(140g)
- 검은깨 3큰술
- 꿀 6큰술
- 생크림 1과 1/2컵(300㎖)

Tip 알아두세요
검은깨를 ①번 과정에 넣고
함께 갈아 만들면 더욱 고소한
아이스크림을 만들 수 있다.

아이스크림·빙수·음료

생식 두부를 넣어서 담백한 맛을 살린
검은깨 두부아이스크림

01 푸드프로세서에 우유, 생식 두부, 꿀을 넣고 곱게 간다.

02 볼에 생크림을 붓고 단단한 뿔이 생길 때까지 거품기로 한쪽 방향으로 젓는다.

03 ①을 볼에 담고 ②를 넣어 거품기로 골고루 섞는다.

04 검은깨를 넣고 한 번 더 골고루 섞는다.

05 밀폐 용기에 ④를 붓고 뚜껑을 덮거나 랩을 씌워 냉동실에서 3시간 동안 얼린다.

06 살짝 언 아이스크림을 포크로 골고루 긁어 섞은 후 다시 냉동실에 넣어
   3시간 동안 얼린다. 이 과정을 3번 더 반복한다.

⏰ 25~30분(+ 얼리기 2시간)
🍚 4인분 | 77kcal/개

• 시판 사각 아이스크림 9개(270g)
• 녹말가루 2큰술
반죽
• 시판 찹쌀가루 1/2컵(65g)
• 설탕 1큰술
• 우유 7큰술(105㎖)
• 소금 1/3작은술

Tip 색다르게 즐기기

밀대를 이용해 반죽을
25×30cm 크기로 만들어
원하는 종류의 아이스크림,
견과류(생략 가능),
생과일(생략 가능)을 올린 후
돌돌 말아 2시간 동안
냉동실에 보관 한 뒤 2~3cm
두께로 썰어 먹어도 좋다.

261

좋아하는 아이스크림으로 골라 만드는 재미
달지 않은 찰떡아이스

01 내열 용기에 반죽 재료를 넣고 골고루 섞는다.

02 랩을 씌운 후 전자레인지(700W)에서 1분간 익힌다.
   포크로 골고루 섞어준 뒤 다시 랩을 씌워 1분 30초간 더 익힌다.

03 도마에 녹말가루를 뿌린 다음 ②의 반죽을 올려 골고루 묻힌다.

04 반죽을 9등분한 후 밀대를 이용해 지름 12cm의 만두피 모양으로 얇게 민다.
   랩을 씌운 다음 냉장실에 넣고 3~5분간 충분히 식힌다.
   ★ 표면이 말라 모양을 잡기 어려울 수 있으니 랩을 반드시 씌운다.

05 반죽 가운데에 아이스크림(30g)을 얹어 반죽의 양옆을 접어 올리고,
   윗면과 아랫면도 접어 올린 다음 이음매 부분을 물을 묻혀 붙인다.
   ★ 찰떡아이스의 이음매 부분을 위로 향하게, 서로 달라붙지 않게 밀폐 용기에 담아
   급속 냉동한 다음 지퍼백에 담아 냉동실에 넣어두면 3~5일간 보관이 가능하다.

⏱ 1시간 10분~1시간 20분
(+ 얼리기 10시간)
🍽 4~5인분 | 63kcal/개

• 팥 1/2컵(80g)
• 물 5컵(1ℓ)
• 우유 1/4컵(50㎖)
• 설탕 3큰술
• 올리고당 5큰술
• 소금 약간

집에서 만든 팥소로 만드는
팥아이스바

01 팥은 깨끗하게 씻은 후 체에 밭쳐 물기를 뺀다.

02 냄비에 팥과 팥이 잠길 정도의 물을 넣고 센 불에서 바글바글 끓어오르면
3분간 끓인 후 물만 따라 버린다.

03 ②에 물(5컵)을 붓고 센 불에서 바글바글 끓어오르면 약한 불로 줄여 1시간 삶는다.
★ 팥을 손가락으로 으깨었을 때 부드럽게 으깨질 정도의 상태로 삶는다.

04 ③에 설탕, 올리고당, 소금을 넣고 중간 불에서 5분간 주걱으로 저어가며 끓인 후 한 김 식힌다.

05 ④에 우유를 넣고 섞은 후 아이스크림 틀에 담아 8개를 만든다.
냉동실에 넣어 12시간 동안 얼린다.

⏱ 10~15분(+ 얼리기 12시간)
🍽 4~5인분 | 34kcal/개

• 수박 1/8통(500g)
• 레몬즙 1큰술
• 꿀 1과 1/2큰술(또는 올리고당)
• 해바라기씨 초콜릿 2큰술

수박을 직접 갈아 넣어 만든
수박아이스바

__01__ 수박은 껍질과 씨를 제거한 다음 사방 3~4cm 크기로 썬다.

__02__ 믹서에 수박, 레몬즙, 꿀을 넣고 곱게 간다.

__03__ ②를 아이스크림 틀에 담아 8개를 만든다. 해바라기씨 초콜릿을 넣는다.

__04__ 냉동실에 넣고 12시간 동안 얼린다.

⏰ 10~15분(+ 얼리기 2시간)
🍲 2~3인분 | 369kcal

- 우유 1팩(200㎖)
- 치즈케이크 2조각
- 떠먹는 플레인 요구르트 1통(85g)
- 연유 1큰술(또는 꿀, 올리고당)

토핑(취향에 따라 선택)
- 과일 약간
- 아몬드 약간
- 빙수용 떡 약간
- 아이스크림 약간

Tip 알아두세요
치즈빙수는 충북 청주에 있는
카페 풀문(043-224-5152)의
인기 메뉴이다. 집에서도 쉽게
만들 수 있도록 벤치마킹하여
개발하였다.

빙수기 없이도 멋지게 즐기는
치즈빙수

01 우유, 치즈케이크는 냉동실에서 1시간 동안 얼린다.
★ 우유는 팩째로, 치즈케이크는 포장째 또는 랩으로 완전히 감싸서 얼린다.

02 우유팩을 냉동실에서 꺼내 몇 차례 흔들거나 꾹꾹 누른 다음 슬러시 상태가 되도록
1시간 더 얼린다. 치즈케이크는 한입 크기로 썬 다음 1시간 더 얼린다.

03 과일은 한입 크기로 썰고, 아몬드는 굵게 다진다. 볼에 요구르트와 연유를 넣어 섞는다.

04 그릇에 ②의 우유얼음을 담고 치즈케이크, ③, 토핑을 곁들인다.
★ 취향에 따라 슬라이스 치즈를 썰어 넣으면 보다 진한 치즈의 맛을 느낄 수 있다.

②

②

③

⏱ 10~15분(+ 얼리기 5시간)
🍲 2~3인분 | 223kcal

- 시판 콩국물 1과 1/4컵(250㎖)
- 생수 1컵(200㎖)
- 방울토마토 4개(60g)
- 시판 빙수용 단팥 5큰술
  (기호에 따라 가감)
- 우유 4큰술
- 연유 4큰술(기호에 따라 가감)

콩국물을 갈아 넣은 구수한 별미 빙수
콩빙수

<u>01</u> 콩국물과 생수는 각각 얼음틀에 넣어 5시간 이상 얼린다.

<u>02</u> 방울토마토는 열십(+)자로 4등분한다.

<u>03</u> ①의 생수 얼음을 푸드프로세서나 빙수기로 갈아 그릇에 담는다.
   콩국물 얼음도 갈아 생수 얼음 위에 올려 담는다.

<u>04</u> 빙수용 단팥, 방울토마토를 올리고 우유와 연유를 뿌린다.

▲ 커피빙수

▼ 베리베리빙수

▲ 우유빙수

아이스크림 · 빙수 · 음료

부드러운 우유와 팥으로 맛을 낸 기본 빙수! 우유빙수

⏱ 10~15분(+ 얼리기 5시간)
△ 2~3인분 | 159kcal

• 우유 2컵(400㎖)
• 시판 빙수용 단팥 3큰술
• 시리얼 4큰술
• 연유 1큰술

01 우유는 얼음 틀이나 밀폐 용기에 넣어 냉동실에서 5시간 이상 얼린다.

02 얼린 우유를 푸드프로세서나 빙수기에 넣고 곱게 간 다음 그릇에 담고 빙수용 단팥, 시리얼, 연유를 올린다.

★ 취향에 따라 다양한 토핑을 올려도 좋다.

커피우유로 만드는 커피빙수

⏱ 10~15분(+ 얼리기 5시간)
△ 2~3인분 | 190kcal

• 커피 우유 2컵(400㎖)
• 굵게 다진 초콜릿 2큰술
• 체리 2개(또는 딸기, 블루베리)
• 초콜릿 스틱과자 2개

01 커피 우유는 얼음 틀이나 밀폐 용기에 넣어 냉동실에서 5시간 이상 얼린다.

02 얼린 커피 우유를 푸드프로세서나 빙수기에 넣고 곱게 간 다음 그릇에 담고 다진 초콜릿, 체리를 얹고 초콜릿 스틱과자를 꽂는다.

★ 취향에 따라 다양한 토핑을 올려도 좋다.

냉동 블루베리, 딸기를 듬뿍 넣은 베리베리빙수

⏱ 10~15분(+ 얼리기 5시간)
△ 2~3인분 | 168kcal

• 우유 2컵(400㎖)
• 냉동 딸기 10개(150g)
• 생 블루베리 약간(또는
  냉동 블루베리, 생략 가능)
• 아몬드 슬라이스 1큰술(또는
  다른 견과류, 생략 가능)
• 연유 2큰술(기호에 따라 가감)

01 우유는 얼음 틀이나 밀폐 용기에 담아 냉동실에서 5시간 이상 얼린다.

02 얼린 우유를 푸드프로세서나 빙수기에 넣고 곱게 간 다음 그릇에 담는다.

03 냉동 딸기도 푸드프로세서나 빙수기에 넣고 간 다음 ②의 위에 담는다.

04 블루베리와 아몬드 슬라이스, 연유를 얹는다

★ 취향에 따라 다양한 토핑을 올려도 좋다.

아이스크림 · 빙수 · 음료

오렌지 껍질을 용기로 이용한
오렌지셔벗

⏱ 15~20분(+ 얼리기 12시간) | 🍽 4인분 | 77kcal

• 오렌지 4개, 레몬즙 3큰술, 설탕 3큰술

01 오렌지는 깨끗이 씻어 물기를 제거한 후 밑부분을
    얇게 썰어 평평하게 한다. 윗부분은 1/4지점까지 썬다.

02 숟가락으로 오렌지의 과육을 파낸 뒤 면보에 짠다.
    껍질은 냉동실에 넣어둔다.

03 밀폐 용기에 오렌지즙, 레몬즙, 설탕을 넣어
    골고루 섞은 후 뚜껑을 덮거나 랩을 씌워
    냉동실에서 3시간 동안 얼린다.

04 살짝 언 셔벗을 포크로 골고루 긁어 섞은 후 다시 냉동실에
    넣어 3시간 동안 얼린다. 이 과정을 3~4번 더 반복한다.

05 ②의 오렌지 껍질 안에 완성된 셔벗을 담는다.
    같은 방법으로 3개 더 만든다.

오레오가 들어가 든든한
오레오쉐이크

⏱ 5~10분(+ 얼리기 2시간) | 🍽 2~3인분 | 341kcal

• 오레오 5개(50g), 바닐라 아이스크림 1컵(200㎖),
  얼린 우유 2컵(400㎖), 휘핑크림 약간(생략 가능)

01 믹서나 프로세서에 오레오, 바닐라 아이스크림,
    얼린 우유를 넣고 곱게 간다.
    ★ 완전히 언 우유는 실온에서 20분간 녹인 후 사용한다.

02 쉐이크를 컵에 담고 휘핑크림을 올린다.
    기호에 따라 오레오를 올려 먹어도 좋다.

고소함 듬뿍! 고단백 영양 간식
검은깨두유

⏱ 10~15분 | 🍽 2인분 | 144kcal

- 생식 두부 1팩(140g), 검은깨 2큰술, 호두 1큰술,
우유 3/4컵(150㎖), 꿀 2작은술, 소금 약간

<u>01</u> 달군 팬에 검은깨, 호두를 넣고 약한 불에서
1분간 볶은 후 접시에 펼쳐 식힌다.

<u>02</u> 모든 재료를 믹서에 넣고 곱게 간다.
★ 부드럽게 마시고 싶으면 체에 한 번 거른다.

고구마와 우유가 만났을 때
고구마라테

⏱ 20~25분 | 🍽 2인분 | 319kcal

- 고구마 1개(200g), 우유 2컵(400㎖), 꿀 1/2큰술,
아몬드 10개, 계핏가루 약간(생략 가능)

<u>01</u> 고구마는 껍질을 벗겨 사방 2cm 크기로 썬다.
★ 고구마와 같은 양의 단호박을 사용하면
단호박라테로 즐길 수 있다.

<u>02</u> 냄비에 고구마와 고구마가 잠길 정도의 물을 붓고
센 불에서 끓어오르면 중간 불로 줄여 5분간 삶아
체에 밭쳐 물기를 뺀다.

<u>03</u> 달군 팬에 아몬드를 넣고 중약 불에서 3분간 볶은 후
접시에 펼쳐 식힌다.

<u>04</u> 믹서에 계핏가루를 제외한 모든 재료를 넣고 곱게 간다.

<u>05</u> ④를 냄비에 붓고 약한 불에서 2분간 저어가며 따뜻하게
데운다. 컵에 담고 기호에 따라 계핏가루를 뿌린다.

넉넉히 만들어두세요! 저장용 비상 간식

하교한 아이의 갑작스러운 간식 타령, TV를 보며 입이 심심하다고 이야기하는 남편들을 위해 엄마표 주전부리를
준비해보세요. 넉넉히 만들어 밀폐 용기나 지퍼백에 담아 보관하면 일주일간 보관이 가능해 비상 간식으로 제격이랍니다.

1

고소한 누룽지를 견과류, 꿀과 함께 조려 만든
❶ 누룽지 견과류 크런치볼
⏰ 15~20분 | 🍽 2~3회분 | 379kcal

• 시판 누룽지 100g, 견과류 1컵(아몬드, 호두, 땅콩 등, 120g),
꿀 4큰술, 참기름 약간

<u>01</u> 누룽지와 견과류는 키친타월에 올려 굵게 다진다.
　　★ 누룽지 만들기 12쪽 참고
<u>02</u> 달군 팬에 다진 견과류를 넣고 중약 불에서 1분간 볶는다.
<u>03</u> ②의 팬에 꿀을 넣고 1분간 볶은 후 누룽지를 넣어
　　30초간 더 볶아 접시에 펼쳐 담아 한 김 식힌다.
<u>04</u> 손에 위생장갑을 끼고 참기름을 살짝 묻힌 후 ③을
　　한입 크기로 뭉친다.

두뇌에 필요한 영양소가 듬뿍
❷ 견과류 쌀강정
⏰ 45~50분 | 🍽 3~4회분 | 248kcal

• 쌀튀밥 1컵(20g), 아몬드 24개(30g), 캐슈넛 24개(30g),
호박씨 2큰술(16g), 해바라기씨 2큰술(16g), 식용유 1작은술
시럽 설탕 6큰술, 물 2큰술, 올리고당 2큰술

<u>01</u> 달군 팬에 아몬드, 캐슈넛, 호박씨, 해바라기씨를 넣고
　　약한 불에서 4분간 볶아 접시에 덜어둔다.
<u>02</u> ①의 팬을 키친타월로 가볍게 닦는다. 시럽 재료를 넣어 젓지
　　않고 팬을 기울여가며 중간 불에서 4분간 설탕을 녹인다.

<u>03</u> ②의 팬에 견과류와 쌀튀밥을 넣고 30초간 골고루
　　버무린 후 불을 끈다.
<u>04</u> 평평한 용기에 종이 포일을 깔고 ③을 담아
　　2.5cm 두께의 사각형으로 눌러가며 촘촘하게 만든다.
<u>05</u> 실온에서 30분간 굳힌 후 종이 포일을 떼어내고
　　적당한 크기로 썬다.

바삭한 영양이 가득한~
❸ 뮤슬리바
⏰ 25~30분 | 🍽 3~4회분 | 172kcal

• 뮤슬리 2컵(또는 시리얼, 120g), 설탕 1큰술, 올리고당 3큰술

<u>01</u> 깊은 팬에 설탕과 올리고당을 넣어 젓지 않고 팬을
　　기울여가며 중간 불에서 1분 30초간 설탕을 녹인다.
<u>02</u> 뮤슬리를 넣고 중약 불에서 끈기가 생길 때까지 2분간
　　주걱으로 골고루 섞은 다음 불을 끈다.
<u>03</u> 평평한 용기에 종이 포일을 깔고 ②를 담아 두께 1.5cm
　　크기의 사각형으로 눌러가며 촘촘하게 만든다.
<u>04</u> 실온에서 15분간 굳힌 후 2×4cm 크기로 썬다.

④

⑤

⑥

달콤하게 튀겨낸
④ 호두강정

🕐 25~30분 | 🍽 3~4회분 | 339kcal

• 호두 1과 1/2컵(150g), 소금 1작은술, 식용유 2컵(400㎖)
  시럽 설탕 2와 1/2큰술, 물 2와 1/2큰술

01 냄비에 물(3컵)을 넣고 센 불에서 끓어오르면 호두, 소금을
   넣어 40초간 데쳐 체에 밭쳐 물기를 뺀다.

02 냄비에 시럽 재료를 넣고 젓지 않고 팬을 기울여가며
   중간 불에서 1~2분간 설탕이 녹을 때까지 끓인다.

03 ②에 호두를 넣고 중간 불에서 1분간 조린 후
   체에 밭쳐 설탕 시럽을 거른다.

04 냄비에 식용유를 붓고 150℃가 되도록 중간 불로
   끓인다. 호두를 넣고 1분간 튀긴 후 체에 밭쳐
   기름을 뺀다. ★ 150℃는 호두를 넣었을 때 가라앉았다가
   올라오면서 잔기포가 조금 생기는 정도.

건과일 넣은 건강 간식
⑤ 호두 아몬드강정

🕐 40~45분 | 🍽 3~4회분 | 326kcal

• 호두 1/2컵(50g), 아몬드 약 1/3컵(50g), 말린 자두
  4개(28g), 말린 살구 3개(30g), 식용유 1큰술, 설탕 2큰술,
  올리고당 2큰술

01 달군 팬에 호두, 아몬드를 넣고 약한 불에서 3분간 볶아
   접시에 덜어둔다. 견과류와 말린 과일은 굵게 다진다.

02 ①의 팬을 키친타월로 닦은 후 다시 달궈

식용유(1/2큰술)를 두른 후 올리고당을 넣고 중간 불에서
30초간 끓인다. 설탕을 넣고 저어가며 설탕을 녹인다.

03 불을 끄고 30초간 식힌 후 견과류와 말린 과일을 넣고
   골고루 버무린다.

04 평평한 용기에 종이 포일을 깔고 ③을 담아 2cm 두께의
   사각형으로 눌러가며 촘촘하게 만든다.

05 실온에서 30분간 굳힌 후 종이 포일을 떼어내고 한입 크기로
   썬다.

풍미와 고소함이 가득한
⑥ 치즈 깨소미

🕐 25~30분 | 🍽 2~3회분 | 30kcal/개

• 밀가루 3큰술(박력분, 30g), 파마산 치즈가루 8과 1/2큰술(70g),
  검은깨 4큰술(20g), 설탕 7과 1/2큰술(60g), 달걀흰자 2개분

01 오븐은 180℃(미니 오븐 170℃)로 예열하고, 오븐 팬에
   종이 포일을 깐다. 큰 볼에 모든 재료를 넣어 골고루 섞는다.

02 일회용 짤주머니에 ①의 반죽을 담고 앞부분의 2.5cm를
   잘라낸다.

03 ①의 종이 포일 위에 가운데부터 원을 그리면서 지름 5cm가
   되도록 반죽을 얇게 짠다. ★ 짤주머니의 입구를 최대한 바닥에
   대고 일정한 힘으로 반죽을 짠다.

⑦

⑧

<u>04</u> 180℃(미니 오븐 170℃)로 예열된 오븐의 가운데 칸에서
6~7분간 노릇하게 구운 뒤 종이 포일째 식힘망에 올려
한 김 식힌다. 남은 반죽도 같은 방법으로 굽는다. ★ 굽는
도중에 오븐 팬의 위치를 앞뒤로 바꾸면 색이 고르게 난다.

깨를 시럽에 버무려 굳힌 전통 간식
7 삼색 깨강정
🕐 25~30분 | 🍽 3~4회분 | 257kcal
• 통깨 3/4컵, 검은깨 1/2컵, 설탕 4큰술, 올리고당 2큰술,
소금 약간, 물 2작은술, 식용유 1/2작은술

<u>01</u> 볼에 설탕, 올리고당, 소금, 물을 넣고 골고루 섞어
설탕을 녹인다.

<u>02</u> 달군 팬에 ①을 넣고 중약 불에서 1분 10초간 끓이다가
약한 불로 줄여 깨를 넣는다. 양손에 주걱을 쥐고
시럽과 깨가 잘 섞이도록 1분 20초간 뒤섞는다.

<u>03</u> 평평한 용기에 종이 포일을 깔고 ②를 담아 1cm 두께의
사각형으로 눌러가며 촘촘하게 만든다. 만든 후 5분간
굳힌다. ★ 뜨거우니 면장갑을 끼고 눌러도 좋다.

<u>04</u> 실온에서 5분간 굳힌 후 단단하게 굳기 전에 사방 2cm
크기로 썰거나 동그랗게 뭉친다. ★ 칼로 썰 때는
칼등 위에 손을 대고 한 번에 잘라야 단면이 깔끔하다.
칼을 왔다갔다하면 부스러지므로 주의한다.

**두부와 검은깨를 넣어
성장기 어린이들에게 더없이 좋은 간식**
8 두부스낵
🕐 55~60분 | 🍽 3~4회분 | 145kcal
• 시판 멥쌀가루 1컵 + 1큰술, 베이킹파우더 1/4작은술,
두부 큰 것1/4모(부침용, 75g), 달걀 1/2개, 설탕 1/4컵,
소금 1/2작은술, 검은깨 1과 1/2큰술, 식용유 2컵(400㎖)

<u>01</u> 멥쌀가루(1컵)과 베이킹파우더는 체에 내린다.
두부는 칼 옆면으로 으깨서 젖은 면보에 감싸 물기를
꼭 짠다.

<u>02</u> 볼에 두부, 달걀, 설탕, 소금을 넣고 섞은 후
①, 검은깨를 넣고 반죽해 한 덩어리로 만든다.

<u>03</u> 반죽을 위생팩에 넣어 냉장실에서 30분 동안 숙성시킨다.

<u>04</u> 도마에 멥쌀가루(1큰술)를 뿌리고 반죽을 0.5cm의
두께로 밀어 2cm 간격으로 썬 뒤 3cm 간격으로 어슷 썬다.

<u>05</u> 냄비에 식용유를 붓고 150℃가 되도록 중간 불로 끓인다.
④를 넣고 5~8분간 튀긴 후 체에 밭쳐 기름을 뺀다.
★ 150℃는 반죽을 넣었을 때 가라앉았다가 올라오면서
잔기포가 조금 생기는 정도.

영양 가득 견과류를 듬뿍 넣은 추억의 공갈빵
❾ 견과류 공갈빵
⏱ 40~45분 ┃ 🍚 2~3회분 ┃ 105kcal/개

• 밀가루 1컵(중력분, 100g), 물 1/4컵(50㎖), 소금 1/2작은술,
견과류 1/3컵(아몬드, 호두, 땅콩 등, 40g), 설탕 4큰술

<u>01</u> 볼에 밀가루, 물(1/4컵), 소금을 넣고 반죽해 한 덩어리로
만든 후 위생팩에 넣어 실온에서 10분간 휴지시킨다.

<u>02</u> 약한 불로 달군 팬에 견과류를 넣고 3분간 볶아
접시에 덜어둔다. 한 김 식혀 잘게 다진 후
설탕과 골고루 섞어 소를 만든다.

<u>03</u> ①의 반죽을 8등분해 타원형 모양으로 빚은 후
12×8cm 크기, 만두피 정도의 얇은 두께가 되도록
밀대로 밀어 편다. 오븐은 200℃(미니 오븐은 190℃)로
예열한다. ★ 반죽은 위생팩에 넣어 마르지 않도록 한다.

<u>04</u> ②의 소 1큰술을 반죽의 1/2지점까지 소 1큰술을 올린 뒤
가장자리 1cm에 물을 조금씩 펴 바른다.

<u>05</u> 반죽이 반달 모양이 되도록 반을 접은 후 가운데 소부분을
눌러 공기를 빼고 가장자리를 꾹꾹 눌러붙인다.
같은 방법으로 7개 더 만든다. ★ 반죽 끝 부분을
꼼꼼히 붙이지 않으면 반죽의 끝 부분이 터져 소가 새어
나오거나 빵이 부풀지 않는다.

<u>06</u> 오븐 팬에 종이 포일을 깔고 ⑤를 올려 200℃
(미니 오븐 190℃)로 예열된 오븐의 가운데 칸에서
7분간 굽는다. 공갈빵을 뒤집어 3분 더 구운 후
식힘망에 올려 식힌다.

향긋한 커피옷을 입은 아몬드!
❿ 커피아몬드
⏱ 25~30분 ┃ 🍚 4~5회분 ┃ 262kcal

• 아몬드 1과 1/2컵(또는 땅콩, 캐슈넛, 170g),
인스턴트 커피가루 1과 1/2큰술(또는 코코아가루, 녹차가루),
설탕 7큰술(70g), 소금 약간, 물 1/4컵(50㎖)

<u>01</u> 달군 팬에 아몬드를 넣고 약한 불에서 5분간 볶은 후
접시에 넓게 펼쳐 15분간 식힌다.

<u>02</u> ①의 팬에 인스턴트 커피가루, 설탕, 소금, 물을 넣고
젓지 않고 팬을 기울여가며 중간 불에서 녹인다.

<u>03</u> 팬의 가장자리가 바글바글 끓어오르면 나무주걱으로
저어가며 1분 30초간 더 끓인 후 불을 끈다.

<u>04</u> 아몬드를 넣고 불을 끈 상태로 4분~4분 30초간 젓고,
표면이 굳으면서 가루가 생기면 접시에 덜어 식힌다.

⑪

⑫

영양까지 생각한 홈메이드 팝콘
⑪ 아몬드 식빵팝콘

⏰ 20~25분 | 🍽 2~3회분 | 306kcal

• 식빵 2장, 아몬드 100g, 설탕 7큰술(70g), 올리고당 1큰술,
  버터 1과 1/2큰술(20g)

01 식빵은 사방 1cm 크기로 썬다.

02 접시에 키친타월 두 겹을 깔고 식빵을 펼쳐 올려
   전자레인지(700W)에서 3분~3분 30초간 돌린 후
   체에 밭쳐 가루를 털어내고 그대로 식힌다.

03 달군 팬에 아몬드를 넣고 중약 불에서 3분간 볶은 후
   접시에 넓게 펼쳐 식힌다.

04 팬에 설탕과 올리고당을 넣고 젓지 않고
   팬을 기울여가며 약한 불에서 끓인다.

05 설탕이 다 녹아 바글바글 끓어오르면 1분~1분 30초간
   더 끓여 연한 갈색이 되면 버터를 넣고 주걱으로 빠르게
   젓는다.

06 식빵과 아몬드를 넣고 버무린다.

07 종이 포일에 옮긴 다음 포크 두 개를 이용해 빠르게
   떼어낸 후 실온에서 식힌다. ★ 냉동실에서 식혀도 좋다.

은은한 땅콩버터 향과 쫀득한 찹쌀이 어우러진
⑫ 땅콩버터 찹쌀쿠키

⏰ 30~35분 | 🍽 5~6회분 | 17kcal/개

• 시판 찹쌀가루 1컵(130g), 땅콩버터 2큰술(30g),
  달걀 1개, 우유 1/2컵(100㎖), 땅콩 5큰술(50g), 설탕 3큰술,
  소금 2/3작은술, 베이킹파우더 1/2작은술

01 오븐은 180℃(미니 오븐 170℃)로 예열한다.
   땅콩은 껍질을 벗긴다. 달군 팬에 땅콩을 넣어 약한 불에서
   2분 30초~3분간 볶고 키친타월에 올려 굵게 다진다.
   작은 볼에 달걀을 푼다.

02 큰 볼에 찹쌀가루와 땅콩버터를 넣고 가루가 뭉치지 않도록
   양손으로 비벼가며 섞는다.

03 ②의 볼에 나머지 재료를 모두 넣고 골고루 섞어
   짤주머니에 담고 가위로 끝의 2.5cm를 자른다.

04 오븐 팬에 종이 포일을 깔고 ③의 반죽을 0.5cm 두께,
   5~6cm 길이, 1.5cm 간격으로 짠다.

05 180℃(미니 오븐 170℃)로 예열된 오븐의 위 칸에서
   8~9분간 노릇하게 굽는다. 식힘망에 올려 한 김 식힌다.

Index

가나다 순

ㄱ

간장 양념 닭날개튀김 248
감자 게맛살전 110
감자 베이컨 치즈전 113
감자 베이컨 오믈렛 128
감자 소시지그라탱 217
감자 팬케이크 123
감자맛탕 224
감자샐러드 16
감자퀘사디야 90
검은깨 두부도넛 240
검은깨 두부아이스크림 260
검은깨두유 269
검은깨치킨 252
게맛살 나초피자 107
게맛살 납작만두 188
게맛살 옥수수전 110
견과류 공갈빵 274
견과류 또띠야칩 108
견과류 쌀강정 271
견과류토스트 72
고구마 견과류 찹쌀떡 154
고구마 깨볼 26
고구마 맛탕스틱 14
고구마 브레드푸딩 77
고구마 인절미샌드 146
고구마 크림치즈카나페 82
고구마 팬케이크 122
고구마라테 269
고구마샌드위치 36
고구마샐러드 20
고구마피자 98
고구마퀘사디야 90
고추장 크림떡볶이 136
골뱅이 비빔라면 157
골뱅이떡볶이 142

과일 요구르트샌드위치 42
과일잼샌드 프렌치토스트 84
구운 가지샌드위치 37
구운 마늘 감자샐러드 20
구운 몬테크리스토 68
구운 참치 카레주먹밥 176
국물 없는 꼬꼬면 168
국물떡볶이 134
귤 게살샌드위치 46
귤추로스 242
김치 비빔소면 158
김치떡볶이 143
김치핫도그 62
꽃식빵 과일타르트 74
꿀 아몬드피자 95
꿀바나나 29

ㄴ

누룽지 견과류 크런치볼 270
누룽지 떡맛탕 183
누룽지볶이 182

ㄷ

단호박 과일샐러드 16
단호박 오븐구이 14
단호박 옥수수버터구이 22
단호박 떡범벅 145
단호박 러스크볼 78
단호박춘권 232
단호박퐁듀 222
달걀로 감싼 치치주먹밥 174
달걀만두 196
달걀 부추빵 48
달걀우동 164
달지 않은 찰떡아이스 261
달콤한 사과떡볶음 144
닭가슴살 미니버거 50
닭가슴살 오이카나페 82
닭가슴살랩 86
닭안심 마늘종꼬치 204
담백한 치킨바 208
당면 채소전 115
대추 찹쌀전 152
돈가스랩 88
동남아풍 닭꼬치 204
돼지고기강정 246

돼지불고기 포켓샌드위치 49
돼지불고기퀘사디아 92
두부 치킨너겟 212
두부 팬케이크 125
두부스낵 273
두유 버섯떡볶이 140
딸기잼 소스의 순살치킨 254
땅콩버터 찹쌀쿠키 275
땅콩소보로 과일 요구르트 34
떠 먹는 감자 베이컨피자 104
떡 닭꼬치 202
떡고로케 226

ㅁ

마늘 감자 소스 32
마늘 치즈스틱 234
마늘치킨 250
마카로니 콘치즈 23
만두떡볶이 141
말린 과일과 견과류 요구르트 34
맛살샌드 82
매콤 닭가슴살쫄면 160
매콤 치즈 볶음우동 166
메밀국수 채소샐러드 162
멜론튀김 237
멸치 쌀과자 184
명란 치즈주먹밥 175
모둠 찹샐러드 20
물만두강정 192
뮤슬리바 271
미니 채소핫도그 58
미트 소스 미니버거 51
미니 달걀컵구이 220
미트볼꼬치 207

ㅂ

바나나 딸기트리플 30
바나나 요구르트파르페 31
바나나 팬케이크 124
방울토마토 브루스케타 80
버섯 베이컨 달걀구이 221
버섯 브루스케타 80
버섯샌드위치 42
베리베리빙수 266
베이컨 알감자 프리타타 130
베이컨 에그롤 25

볶은 양파와 햄토스트 64
봄동 닭가슴살샌드위치 44
불고기 밥버거 178
불타는 오징어버거 54
브로콜리 굴림만두 198
브로콜리 돼지고기만두 186
브로콜리 기슈 219
블루베리 바나나 요구르트 34
블루베리 치즈피자 103
블루베리아이스크림 258
비빔당면 161
비빔만두와 쫄면 194

ㅅ
사과 고구마그라탱 218
사과조림과 프렌치토스트 69
사과조림 부꾸미 153
삼색 깨강정 273
새우 베이컨 브루스케타 80
새우 베이컨말이꼬치 203
새우 숙주전 112
새우 케첩떡볶이 139
새우말이튀김 244
샐러드피자 100
생과일 반달피자 101
생과일 시리얼 요구르트 34
생딸기 크레페 126
생허브 마늘빵 72
세 가지 찹쌀 도넛 238
소시지피자 99
쇠고기사모사 191
수박아이스바 263
스시 피자 180
시금치 달걀주먹밥 173
시금치 스프레드 33
시나몬향 사과튀김 236
신김치 오코노미야키 116
씨앗호떡 118

ㅇ
아몬드 식빵팝콘 275
아몬드러스크 72
아보카도 샐러드피자 96
아이스크림 샌드위치 28
아코디언 감자튀김 224
알감자 버터구이 200

애호박 감자 베이컨전 110
양송이볼 206
양파 양배추핫도그 57
어묵 부추국수 165
어묵 쌀국수볶음 170
ABC롤 샌드위치 40
연어 미니버거 56
오레오쉐이크 268
오렌지 요구르트 소스 33
오렌지셔벗 268
오븐구이 닭강정 214
오이 달걀 비빔국수 156
오이 크림치즈 스프레드 33
오징어볼 245
오코노미야키 토스트 65
오징어 새우핫바 210
옥수수 소시지전 114
옥수수경단 148
올리브샌드위치 40
우유빙수 266
유자향의 찹쌀경단 147

ㅈ
잔멸치 간장떡볶이 132
잔멸치 달걀밥전 177
잡채호떡 120
절편구이 꼬치 200
쪽파 베이컨샌드위치 42

ㅊ
참나물 참치랩 87
참치 궁중떡볶이 133
참치 카레샌드위치 38
찹쌀 감자떡 150
채소 듬뿍 감자보트 18
초간단 고구마맛탕 224
초코 바나나피자 102
초콜릿아이스크림 258
치즈 감자토스트 66
치즈 깨소미 272
치즈 듬뿍 고구마보트 19
치즈 떡그라탱 216
치즈 베이컨말이꼬치 200
치즈 호두곶감말이 27
치즈빙수 264
칠리 치즈감자 230

ㅋ
카레 닭가슴살퀘사디아 93
카레 요구르트 소스 32
카레고로케 227
카레 치즈떡볶이 138
커피빙수 266
커피아몬드 274
고울슬로 샌드위치 39
코코아 맛밤율란 16
코코아경단 149
콘치즈 컵케이크 76
콩빙수 265
크림치즈 옥수수퀘사디야 90
크림치즈 튀김만두 190

ㅌ
타르타르 소스 32
타코야키 고로케 228
태국식 닭봉구이 213
토마토 소스 나초피자 106
토마토 소스 오믈렛 129
토마토 소스 홈메이드버거 52
토마토 오이 소스 32
튀긴 물만두샐러드 193

ㅍ
파인애플 군만두 189
파인애플 요구르트아이스크림 258
팝콘치킨 256
팥아이스바 262
팬케이크 핫도그 61
피자 떡꼬치 204
피자 샌드위치 40

ㅎ
햄 양파주먹밥 172
햄 치즈샌드 24
허니 버터 브레드 70
허브 웨지감자구이 14
호두 시괴피자 94
호두 아몬드강정 272
호두 크림치즈 스프레드 33
호두강정 272
호떡 믹스 핫도그 60

277

재료별 순

감자
감자 베이컨 치즈전 113
감자 베이컨 오믈렛 128
감자 팬케이크 123
감자 게맛살전 110
감자맛탕 224
감자샐러드 16
감자퀘사디야 90
구운 마늘 감자샐러드 20
떠 먹는 감자 베이컨피자 104
떡고로케 226
마늘 감자 소스 32
베이컨 알감자 프리타타 130
감자 소시지그라탱 217
쇠고기사모사 191
아코디언 감자튀김 224
알감자 버터구이 200
애호박 감자 베이컨전 110
찹쌀 감자떡 150
채소 듬뿍 감자보트 18
치즈 감자토스트 66
칠리 치즈감자 228
카레고로케 227
타코야키 고로케 228
허브 웨지감자구이 14

고구마
고구마 견과류찹쌀떡 154
고구마 깨볼 26
고구마 맛탕스틱 14
고구마 브레드푸딩 77
고구마 인절미샌드 146
고구마 크림치즈카나페 82
고구마 팬케이크 122
고구마라테 269
고구마샌드위치 36

고구마샐러드 20
고구마퀘사디야 90
고구마피자 98
사과 고구마그라탱 218
초간단 고구마맛탕 224
치즈 듬뿍 고구마보트 19

단호박
단호박 과일샐러드 16
단호박 오븐구이 14
단호박 옥수수버터구이 22
단호박 떡범벅 145
단호박 러스크볼 78
단호박춘권 230
단호박퐁듀 222

브로콜리
미트 소스 미니버거 51
미트볼꼬치 207
브로콜리 돼지고기만두 186
브로콜리 굴림만두 198
브로콜리 키슈 219

과일
ABC롤 샌드위치 40
과일 요구르트샌드위치 42
과일잼샌드 프렌치토스트 84
귤 게살샌드위치 46
귤추로스 240
꽃식빵 과일타르트 74
꿀바나나 29
단호박 과일샐러드 16
달콤한 사과떡볶음 144
땅콩소보로 과일 요구르트 34
말린 과일과 견과류 요구르트 34
멜론튀김 235
모둠 찹샐러드 20
바나나 딸기트리플 30
바나나 요구르트파르페 31
바나나 팬케이크 124
베리베리빙수 266
블루베리 바나나 요구르트 34
블루베리아이스크림 258
블루베리 치즈피자 103
사과 고구마그라탱 218
사과조림과 프렌치토스트 69

사과조림 부꾸미 153
생과일 반달피자 101
생과일 시리얼 요구르트 34
생딸기 크레페 126
수박아이스바 263
시나몬향 사과튀김 234
오렌지 요구르트 소스 33
오렌지셔벗 268
초코 바나나피자 102
치즈 호두곶감말이 27
파인애플 요구르트아이스크림 258
파인애플 군만두 189
호두 사과피자 94

달걀
감자 베이컨 오믈렛 128
고구마샐러드 20
국물떡볶이 134
달걀 부추빵 48
달걀로 감싼 치즈주먹밥 174
달걀만두 196
달걀우동 164
미니 달걀컵구이 220
버섯 베이컨 달걀구이 221
베이컨 알감자 프리타타 130
베이컨 에그롤 25
시금치 달걀주먹밥 173
신김치 오코노미야키 116
오이 달걀 비빔국수 156
오코노미야키 토스트 65
타르타르 소스 32
토마토 소스 오믈렛 129

두부
검은깨 두부아이스크림 260
검은깨 두부도넛 238
검은깨두유 269
두부 치킨너겟 212
두부 팬케이크 125
두부스낵 273
브로콜리 돼지고기 만두 186
브로콜리 굴림만두 198

닭고기
간장 양념 닭날개튀김 248
검은깨치킨 252

278

국물 없는 꼬꼬면 168
닭가슴살랩 86
닭가슴살 미니버거 50
닭가슴살 오이카나페 82
닭안심 마늘종꼬치 204
담백한 치킨바 208
동남아풍 닭꼬치 204
두부 치킨너겟 212
딸기잼 소스의 순살치킨 254
떡 닭꼬치 202
마늘치킨 250
매콤 닭가슴살쫄면 160
봄동 닭가슴살샌드위치 44
오븐구이 닭강정 214
카레 닭가슴살퀘사디아 93
태국식 닭봉구이 213
팝콘치킨 256

돼지고기
돈가스랩 88
돼지고기강정 246
돼지불고기 포켓샌드위치 49
돼지불고기퀘사디아 92
미트볼꼬치 207
브로콜리 돼지고기만두 186
토마토 소스 홈메이드 버거 52

쇠고기
미트볼꼬치 207
누룽지볶이 182
불고기 밥버거 178
브로콜리 굴림만두 198
쇠고기사모사 191
미트 소스 미니버거 51
양송이볼 206
칠리 치즈감자 228
토마토 소스 홈메이드 버거 52

새우
고추장 크림떡볶이 136
새우 베이컨 브루스케타 80
새우 베이컨말이꼬치 203
새우 숙주전 112
새우 케첩떡볶이 139
새우말이튀김 242
오징어 새우핫바 210

참치
구운 참치 카레주먹밥 176
참나물 참치랩 87
참치 궁중떡볶이 133
참치 카레샌드위치 38

게맛살
감자 게맛살전 110
게맛살 옥수수전 110
게맛살 나초피자 107
게맛살 납작만두 188
굴 게살샌드위치 46
맛살샌드 82
스시 피자 180
피자 떡꼬치 204

햄 & 베이컨
감자 베이컨 치즈전 113
감자 베이컨 오믈렛 128
고구마피자 98
떠 먹는 감자 베이컨피자 104
버섯 베이컨 달걀구이 221
베이컨 알감자 프리타타 130
베이컨 에그롤 25
볶은 양파와 햄토스트 64
새우 베이컨말이꼬치 203
애호박 감자 베이컨전 110
양송이볼 206
오코노미야키 토스트 65
채소 듬뿍 감자보트 18
치즈 베이컨말이꼬치 200
토마토 소스 오믈렛 129
햄 양파주먹밥 172
햄 치즈샌드 24

소시지
감자 소시지그라탱 217
김치핫도그 62
미니 채소핫도그 58
소시지피자 99
양파 양배추핫도그 57
옥수수 소시지전 114
호떡 믹스 핫도그 60

슬라이스 치즈
구운 몬테크리스토 68

단호박퐁듀 222
달걀로 감싼 치치주먹밥 174
닭가슴살 미니 버거 50
명란 치즈주먹밥 175
브로콜리 키슈 220
알감자 버터구이 200
치즈 듬뿍 고구마보트 19
치즈 호두곶감말이 27
치즈 베이컨말이꼬치 200
카레 치즈떡볶이 138
토마토 소스 홈메이드 버거 52
햄 치즈샌드 24

피자치즈
감자퀘사디야 90
감자 베이컨 치즈전 113
게맛살 나초피자 107
꿀 아몬드피자 95
고구마피자 98
고구마퀘사디야 90
단호박춘권 230
돼지불고기 포켓샌드위치 49
돼지불고기퀘사디아 92
떠 먹는 감자 베이컨피자 104
마늘 치즈스틱 232
마카로니 콘치즈 23
매콤 치즈 볶음우동 166
볶은 양파와 햄토스트 64
블루베리 치즈피자 103
사과 고구마그라탱 218
샐러드피자 100
생과일 반달피자 101
소시지피자 99
감자 소시지그라탱 217
스시 피자 180
치즈 감자토스트 66
치즈 떡그라탱 216
칠리 치즈감자 228
카레 닭가슴살퀘사디아 93
콘치즈 컵케이크 76
크림치즈 옥수수퀘사디야 90
토마토 소스 나초피자 106
토마토 소스 오믈렛 129
피자 샌드위치 40
피자 떡꼬치 204
호두 사과피자 94

279

이제 요리를
시작해볼까요?

기본
요리책
1위

진짜 왕초보라면~

왕초보들이 극찬한 요리책
이 한 권이면 기본 요리는 진짜 끝

베이킹
분야
1위

베이킹이 처음이라면~

특별한 재료와 도구가 없어도,
왕초보가 따라 해도 성공하는 기본 베이킹책

매달 새로운 요리를
원한다면?

따라 하는 요리잡지
월간 〈수퍼레시피〉

나에게 필요한
레시피팩토리의
요리책을 찾아라!

사계절 제철재료로 만드는~

독자들이 직접 선정한
〈수퍼레시피〉 베스트 메뉴

혼자서도 맛있게~

작은 주방, 적은 재료로
완성하는 1인분 요리

이유식 분야 1위

아기가 태어났어요!

마더스고양이가 알려주는
체험 이유식 실전서

유아식 분야 1위

이유식이 끝났다면?

아이 밥, 어른 밥을
한 번에 준비하는 지혜로운 레시피

★ 레시피팩토리가 만든 요리책은 다릅니다

01
식품과 요리를
공부한 전문가들이
철저한 독자조사를
통해 만듭니다.

02
왕초보도 따라 하면
성공할 수 있는
정확한 레시피를
실었습니다.

03
꼼꼼한 편집,
아름다운 비주얼로
소장 가치를
높였습니다.

사찰음식 분야 1위

내 손으로 건강식을!

몸과 마음이 건강해지는
가정식 사찰음식 163가지

샐러드 분야 1위

채소를 많이 먹으려면?

요리연구가 지은경의
100가지 샐러드 & 100가지 드레싱

샌드위치 분야 1위

주말엔 폼 나게 브런치를!

실용적이고 스타일리시한
샌드위치 & 브런치

〈수퍼레시피〉 베스트 시리즈 간식편

우리 가족에게는
간식이 필요해!

1판 1쇄 펴낸 날 2014년 7월 1일

편집장	박성주
책임편집	김민아
편집	구효선
레시피 개발	〈수퍼레시피〉 테스트키친팀
아트 디렉터	원유경
디자인	변바희
사진	선우형준, 문성진, 박영하, 송미성, 이보영(Studio ROC, 어시스턴트 황신영)
스타일링	김정아, 권주빈, 민은아, 박명희, 백현숙, 정미현, 최새롬, 최근희
영업·관리	조준호, 윤혜영, 박미주

펴낸이	조준일
펴낸곳	(주)레시피팩토리
주소	서울시 광진구 자양3동 227-7 더샵스타시티 B-903, 1205
독자센터	1544-7051
팩스	02-534-7019
홈페이지	www.super-recipe.co.kr
독자카페	cafe.naver.com/superecipe
출판신고	2009년 1월 28일 제25100-2009-000038호

제작·인쇄	(주)대한프린테크

값 14,800원

ISBN 979-11-85473-02-4